21世纪全国应用型本科大机械系列实用规划教材

工程制图习题集

主　编　杨世平　戴立玲
副主编　姚俊红　魏宝丽
参　编　张黎骅　邱爱红
　　　　杨巧绒

内 容 简 介

本习题集包括工程制图基本知识与技能，投影法的基本概念，点、直线和平面的投影分析，投影变换的基本概念，基本体及表面交线的投影分析，组合体的投影分析，机件常用的表达方法，零件图，标准件、常用件和装配图。

本习题集可作为高等工科院校 48～90 学时各专业工程制图课程教材，也可供有关工程技术人员参考。

图书在版编目(CIP)数据

工程制图习题集/杨世平，戴立玲主编. —北京：中国林业出版社；北京大学出版社，2008. 1(2011.8 重印)
(21 世纪全国应用型本科大机械系列实用规划教材)
ISBN 978-7-5038-4443-0
Ⅰ. 工… Ⅱ. ①杨… ②戴… Ⅲ. 工程制图—高等学校—习题 Ⅳ. TB23-24
中国版本图书馆 CIP 数据核字(2006)第 076879 号

书　　名：工程制图习题集
著作责任者：杨世平　戴立玲　主编
策 划 编 辑：李昱涛
责 任 编 辑：郭穗娟　李广龙
标 准 书 号：ISBN 978-7-5038-4443-0
出　版　者：中国林业出版社(地址：北京市西城区德内大街刘海胡同 7 号
邮编：100009)
http://www.cfph.com.cn　E-mail:jiaocaipublic@163.com
电话：编辑部 83220109　营销中心 83227711
北京大学出版社(地址：北京市海淀区成府路 205 号　邮编：100871)
http://www.pup.cn　http://www.pup6.cn　E-mail: pup_6@163.com
电话：邮购部 62752015　发行部 62750672
编辑部 62750667　出版部 62754962
电 子 信 箱：pup_6@163.com
印　刷　者：北京宏伟双华印刷有限公司
发　行　者：北京大学出版社　中国林业出版社
经　销　者：新华书店
787 毫米×1092 毫米　16 开本　15 印张　167 千字
2006 年 7 月第 1 版　2011 年 8 月第 3 次印刷
定　　价：20.00 元

丛书总序

般国富*

机械是人类生产和生活的基本工具要素之一，是人类物质文明最重要的一个组成部分。机械工业担负着向国民经济各部门，包括工业、农业和社会生活各个方面提供各种性能先进、使用安全可靠的技术装备的任务，在国家现代化建设中占有举足轻重的地位。20 世纪 80 年代以来，以微电子、信息、新材料、系统科学等为代表的新一代科学技术的发展及其在机械工程领域中的广泛渗透、应用和衍生，极大地拓展了机械产品设计制造活动的深度和广度，改变了现代制造业的产品设计方法、产品结构、生产方式、生产工艺和设备以及生产组织模式，产生了一大批新的机械设计制造方法和制造系统。这些机械方面的新方法和系统的主要技术特征表现在以下几个方面：

(1) 信息技术在机械行业的广泛渗透和应用，使得现代机电产品已不再是单纯的机械构件，而是由机械、电子、信息、计算机与自动控制等集成的机电一体化产品，其功能不仅限于加强、延伸或取代人的体力劳动，而且扩大到加强、延伸或取代人的某些感官功能与大脑功能。

(2) 随着设计手段的计算机化和数字化，CAD/CAM/CAE/PDM 集成技术和软件系统得到广泛使用，促进了产品创新设计、并行设计、快速设计、虚拟设计、智能设计、反求设计、广义优化设计、绿色产品设计、面向全寿命周期设计等现代设计理论和技术方法的不断发展。机械产品的设计不只是单纯追求某项性能指标的先进和高低，而是注重综合考虑质量、市场、价格、安全、美学、资源、环境等方面的影响。

(3) 传统机械制造技术在不断吸收电子、信息、材料、能源和现代管理等方面成果的基础上形成了先进制造技术，并将其综合应用于机械产品设计、制造、检测、管理、销售、使用、服务的机械产品制造全过程，以实现优质、高效、低耗、清洁、灵活的生产，提高对动态多变的市场的适应能力和竞争能力。

(4) 机械产品加工制造的精密化、快速化，制造过程的网络化、全球化得到很大的发展，涌现出 CIMS、并行工程、敏捷制造、绿色制造、网络制造、虚拟制造、智能制造、大规模定制等先进生产模式，制造装备和制造系统的柔性与可重组已成为 21 世纪制造技术的显著特征。

(5) 机械工程的理论基础不再局限于力学，制造过程的基础也

*般国富教授：现为教育部机械学科教学指导委员会委员，现任四川大学制造科学与工程学院院长

不只是设计与制造经验及技艺的总结。今天的机械工程学科比以往任何时候都更紧密地依赖诸如现代数学、材料科学、微电子技术、计算机信息科学、生命科学、系统论与控制论等多门学科及其最新成就。

上述机械科学与工程技术特征和发展趋势表明，现代机械工程学科越来越多地体现着知识经济的特征。因此，加快培养适应我国国民经济建设所需要的高综合素质的机械工程学科人才的意义十分重大、任务十分繁重。我们必须通过各种层次和形式的教育，培养出适应世界机械工业发展潮流与我国机械制造业实际需要的技术人才与管理人才，不断推动我国机械科学与工程技术的进步。

为使机械工程学科毕业生的知识结构由较专、较深、适应性差向较通用、较广泛、适应性强方向转化，在教育部的领导与组织下，1998 年对本科专业目录进行了第 3 次大的修订。调整后的机械大类专业变成 4 类 8 个专业，它们是：机械类 4 个专业(机械设计制造及其自动化、材料成型及控制工程、过程装备与控制、工业设计)；仪器仪表类 1 个专业(测控技术与仪器)；能源动力类 2 个专业(热能与动力工程、核工程与核技术)；工程力学类 1 个专业(工程力学)。此外还提出了面向更宽的引导性专业，即机械工程及自动化。因此，建立现代“大机械、全过程、多学科”的观点，探讨机械科学与工程技术学科专业创新人才的培养模式，是高校从事制造学科教学的教育工作者的责任；建立培养富有创新能力人才的教学体系和教材资源环境，是我们努力的目标。

要达到这一目标，进行适应现代机械学科发展要求的教材建设是十分重要的基础工作之一。因此，组织编写出版面向大机械学科的系列教材就显得很有意义和十分必要。北京大学出版社和中国林业出版社的领导和编辑们通过对国内大学机械工程学科教材实际情况的调研，在与众多专家学者讨论的基础上，决定面向机械工程学科类专业的学生出版一套系列教材，这是促进高校教学改革发展的重要决策。按照教材编审委员会的规划，本系列教材将逐步出版。

本系列教材是按照高等学校机械学科本科专业规范、培养方案和课程教学大纲的要求，合理定位，由长期在教学第一线从事教学工作的教师立足于 21 世纪机械工程学科发展的需要，以科学性、先进性、系统性和实用性为目标进行编写，以适应不同类型、不同层次的学校结合学校实际情况的需要。本系列教材编写的特色体现以下几个方面：

(1) 关注全球机械科学与工程技术学科发展的大背景，建立现代大机械工程学科的新理念，拓宽理论基础和专业知识，特别是突出创造能力和创新意识。

(2) 重视强基础与宽专业知识面的要求。在保持较宽学科专业知识的前提下，在强化产品设计、制造、管理、市场、环境等基础理论方面，突出重点，进一步密切学科内各专业知识面之间的综合内在联系，尽快建立起系统性的知识体系结构。

(3) 学科交叉与综合的观念。现代力学、信息科学、生命科学、材料科学、系统科学等新兴学科与机械学科结合的内容在系列教材编写中得到一定的体现。

(4) 注重能力的培养，力求做到不断强化自我的自学能力、思维能力、创造性地解决问题的能力以及不断自我更新知识的能力，促进学生向着富有鲜明个性的方向发展。

总之，本系列教材注意了调整课程结构，加强学科基础，反映系列教材各门课程之间的联系和衔接，内容合理分配，既相互联系又避免不必要的重复，努力拓宽知识面，在培养学生的创新能力方面进行了初步的探索。当然，本系列教材还需要在内容的精选、音像电子课件、网络多媒体教学等方面进一步加强，使之能满足普通高等院校本科教学的需要，在众多的机械类教材中形成自己的特色。

最后，我要感谢参加本系列教材编著和审稿的各位老师所付出的大量卓有成效的辛勤劳动，也要感谢北京大学出版社和中国林业出版社的领导和编辑们对本系列教材的支持和编审工作。由于编写的时间紧、相互协调难度大等原因，本系列教材还存在一些不足和错漏。我相信，在使用本系列教材的教师和学生的关心和帮助下，不断改进和完善这套教材，使之在我国机械工程类学科专业的教学改革和课程体系建设中起到应有的促进作用。

2006 年 1 月

前　言

本习题集是根据原国家教育委员会高等教育司1995年修订的适用于非机械类专业使用的“画法几何及工程制图教学基本要求”，结合编者多年的教学经验，采用最新国家标准编写而成，与同时由北京大学出版社出版的非机械类、近机械类教材《工程制图》配套使用。

本习题集充分体现非机械类学生看图和绘制简单工程图样的要求，其教学思想、结构、章节层次与配套教材一致。每章均有一定数量的习题与作业，按先易后难编排。在选题方面，既注意到题目的典型性、代表性与实用性，又注意了题目类型的多样化，力求通过适量的、多种形式的训练，培养和提高学生分析问题的能力和画图、看图的基本技能。本习题集在编写过程中针对少学时的特点，突出以看图为主，同时增加了不少有新意的题型，突破了过去制图习题集的成规，因而在使用时，可以收到作图时间少而收效大的效果。

本习题集可供高等学校近机械类、非机械类等工程专业使用，也可作为其他类型学校如高等专科学校、职工大学等机械类及有关专业选用。对于工程技术人员，也不失为一本优秀的参考书。

本习题集的编写工作由杨世平、戴立玲、姚俊红、魏宝丽、杨巧绒、张黎骅、邱爱红编写而成。杨世平、戴立玲任主编，杨世平编写了本习题集的第1、2、10章，戴立玲编写第6章，姚俊红编写第9章，魏宝丽编写第5章，杨巧绒编写第7章，张黎铧编写第8章、邱爱红编写第3、4章。

由于社会需要适应社会发展的人才，本课程为了适应发展的需要，还需不断地改进，加之编者的水平有限，时间仓促，不足之处在所难免，敬请读者批评指正。

编　者

2006年3月

目　　录

1-1 字体练习	班级	姓名	学号

工程图中的字体要求采用长仿宋体并应做到字体端正笔画清楚排列整齐间隔均匀

数字和字母一般用斜体输出汉字输出一般采用正体小数点和标点符号占一个字位

字高有系列规定技术制图机械电子汽车航空船舶土木建筑矿山井坑港口纺织服装

A B C D E F G H I J K L M N O P Q R S T U V W X Y Z 0 1 2 3 4 5 6 7 8 9

a b c d e f g h i j k l m n o p q r s t u v w x y z α β γ δ θ φ χ ±

1-2 线型练习及尺寸标注	班级	姓名	学号

1.抄画下列图形。

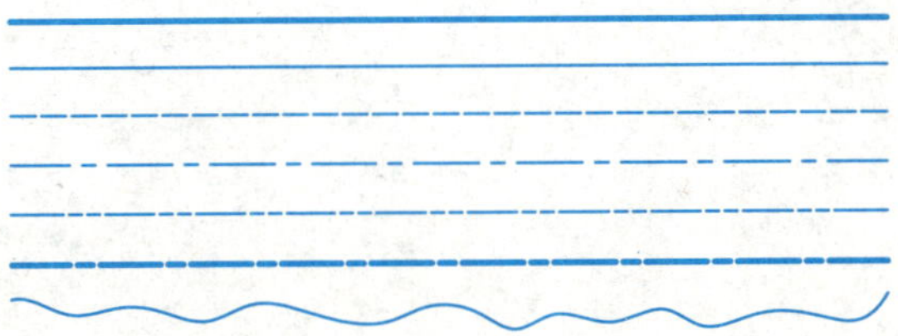

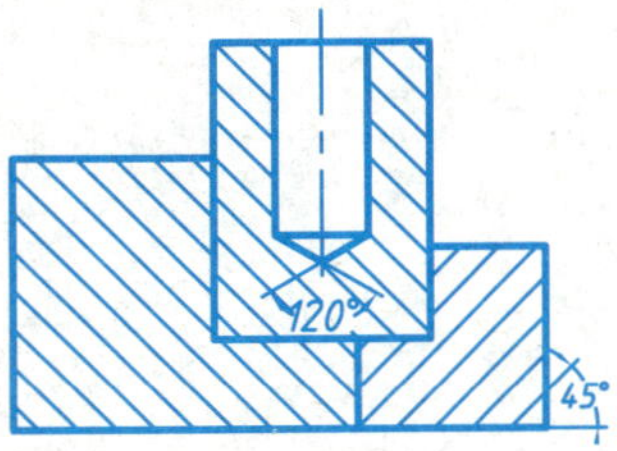

120°

45°

2.按指定比例绘制下列图形，不必标注尺寸。

1:1

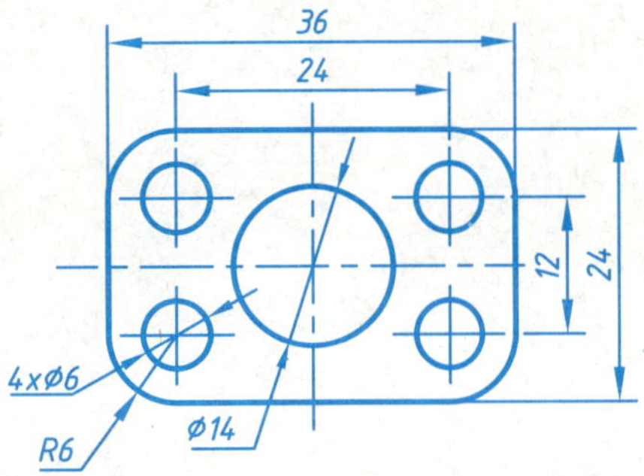

36
24
12
24
4×Ø6
R6
Ø14

2:1

1-3 按1：1抄画下列图形，不必标注尺寸。 | 班级 | 姓名 | 学号

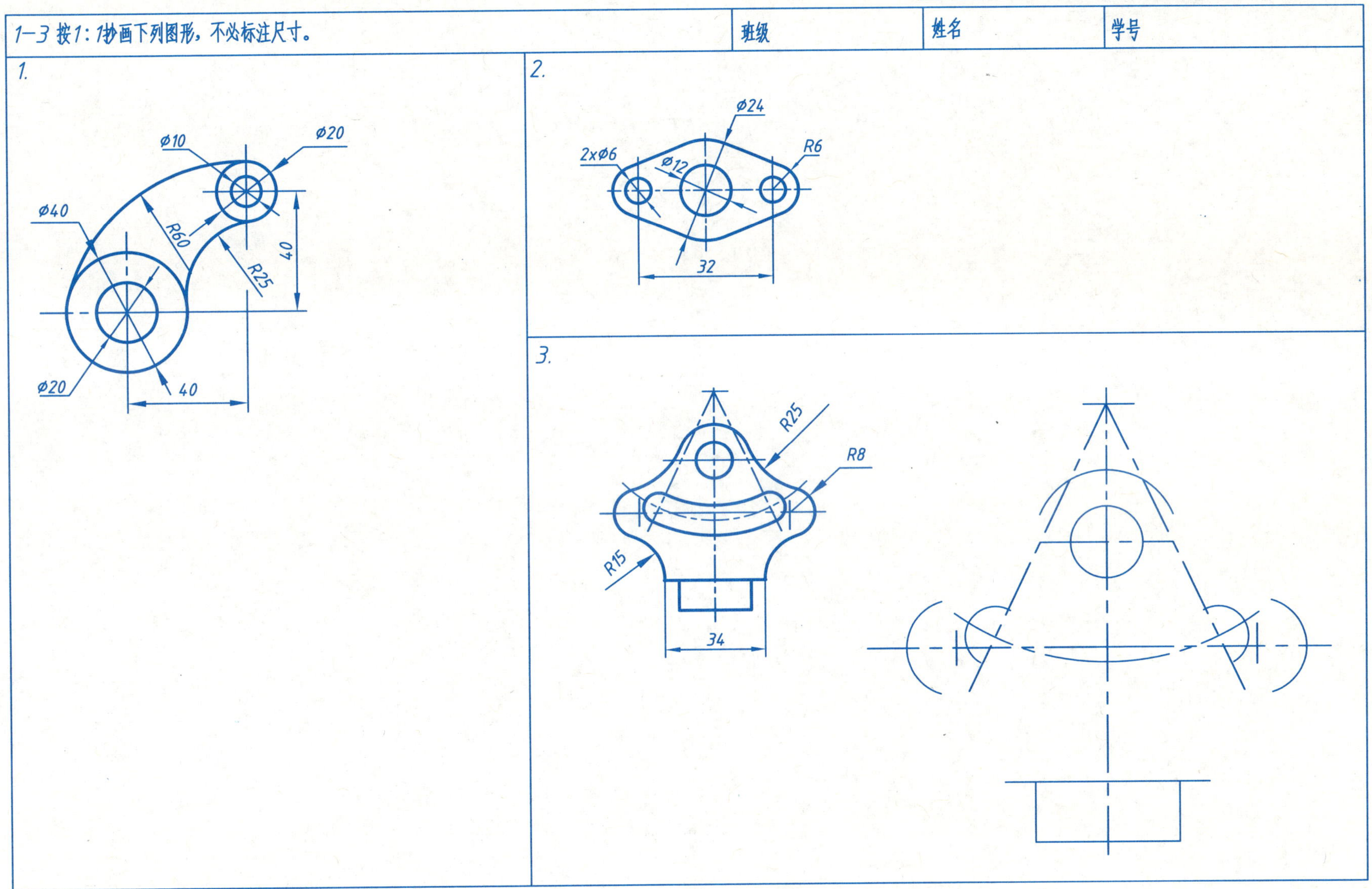

1-4 尺寸标注	班级	姓名	学号

1. 画出水平方向与垂直方向的箭头，并填写尺寸数字。

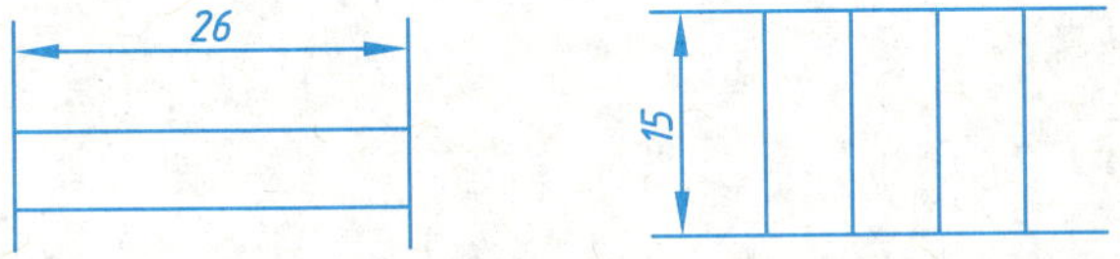

26

15

2. 分别注写线性及角度尺寸的数字。

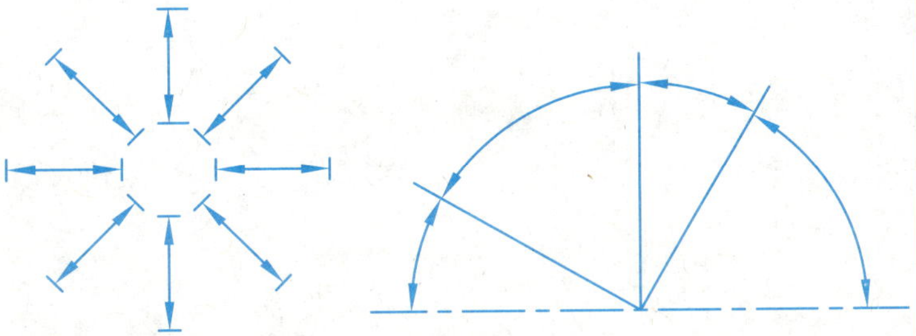

3. 小尺寸的标注（箭头与尺寸数字）。

4. 尺寸注法改错：找出图中尺寸注法错误，将正确的尺寸标注在下方图中。

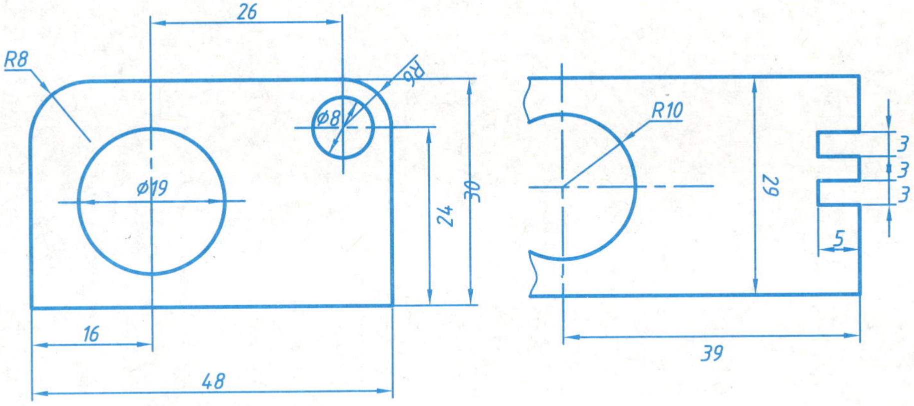

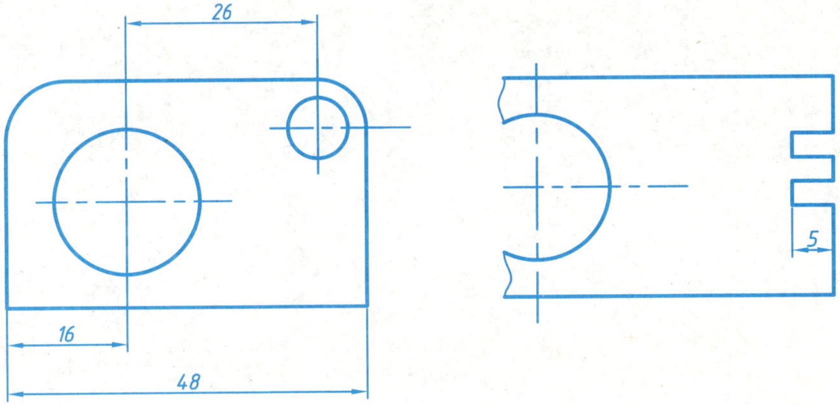

26 R8 R6 ⌀8 ⌀19 24 30 16 48 R10 29 3 3 3 5 39

26 16 48 5

1-5 斜度与锥度 | 班级 | 姓名 | 学号

1. 按1:1绘制下列图形，并标注尺寸。

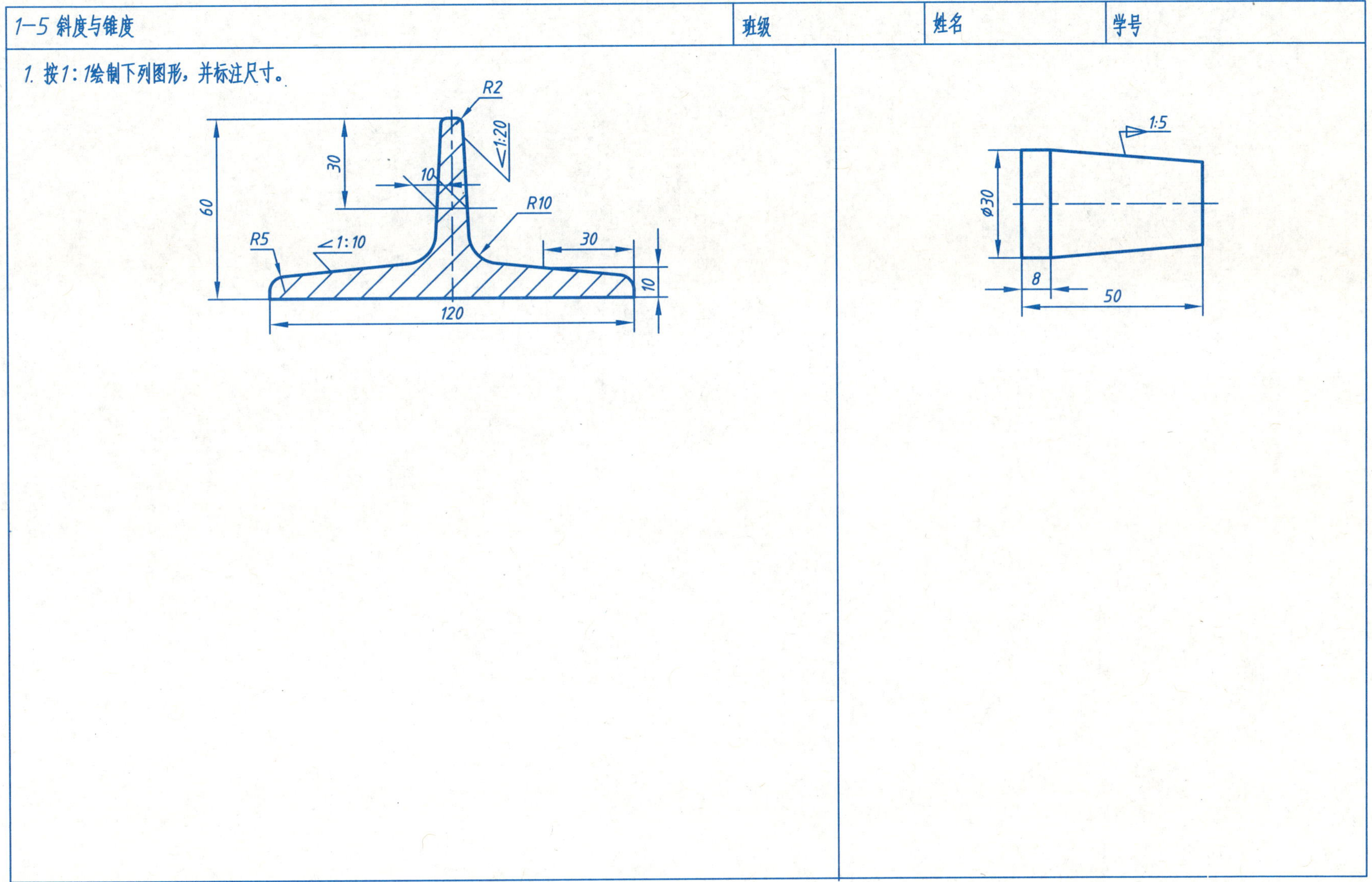

1-6 平面图形的绘制-实践训练	班级	姓名	学号

绘图作业：线型和几何作图的要求及指导

1. 作图目的及要求

目的：（1）熟悉国家标准《机械制图》、《技术制图》中的图纸幅面及格式、比例、字体、图线及平面图形的尺寸标注。

（2）掌握圆弧连接、平面图形的分析及作图方法。

（3）掌握绘图仪器及工具的正确使用方法，培养绘图技能。

要求：（1）作图正确，线型粗细分明，虚线、点画线长短基本一致，字体端正。

（2）尺寸标注正确、完整、清晰。箭头的画法正确，不能绘制成：↑↑↑

（3）圆弧连接光滑，与直线的线宽及黑度一致，作图步骤正确。

（4）布局合理、图面整洁。

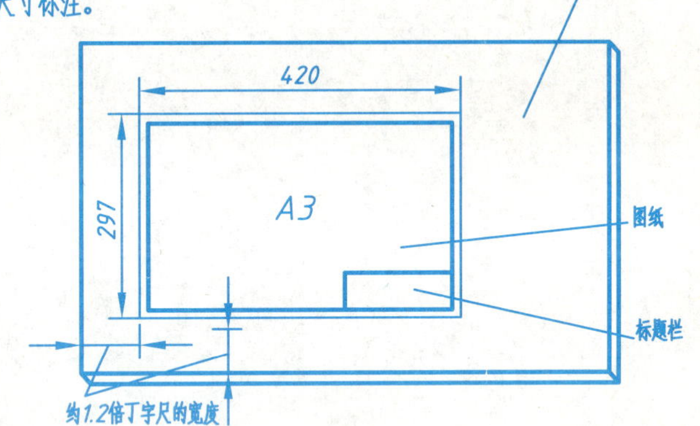

2. 作图内容

将下面的两个图按规定比例合理分布画在一张A3幅面的图纸上，并根据图上给出的尺寸绘图，标注尺寸。

3. 作图步骤及注意事项

（1）做好画图前的准备工作。在绘图之前，将丁字尺、三角板清洗干净，图板擦干净，并在绘图过程中随时保证其他作图仪器及工具的干净，保持图面整洁。

（2）将图纸光面朝上，用透明胶带或胶带纸平放固定在图板上。为方便丁字尺应用，图纸尽量固定在图板左下角，并以距左、下边的距离约1.2倍丁字尺的宽度为宜。

（3）在图纸上画出标准图幅、图框线、标题栏。如上图以A3图纸为例，A3图纸的图幅为420x297的细实线矩形框，如采用不装订样式，图框线为向内偏移5mm的粗实线矩形线框。特别要注意的是用A0图纸对裁出来的A3图纸纸张大小约为440x305，在绘图时不必将图纸刚好裁为420x297的大小，在图纸上绘制出420x297的矩形线框即可。

（4）估算图幅面积，将所绘图形均匀地配置在图幅中，通过对称中心线和主要轮廓线来布局。

（5）用H铅芯的铅笔绘制细线，完成底稿。

（6）建议用HB铅芯的铅笔标注尺寸，HB铅芯削尖，适当加深点画线、虚线。

（7）仔细检查并加粗加深。按先上后下、先左后右的顺序先加粗直线，然后再加粗圆和圆弧。加粗直线用B铅芯的铅笔，加粗圆和圆弧用2B铅笔，圆和圆弧不能徒手画，以保证光滑。

（8）注写尺寸数字，填写标题栏。注意字体及其高度要符合要求。

（9）整个作图过程应用铅笔完成。

1-6 平面图形的绘制-实践训练	班级	姓名	学号

1.在A3图纸上按1:1绘制下列图形，并标注尺寸。

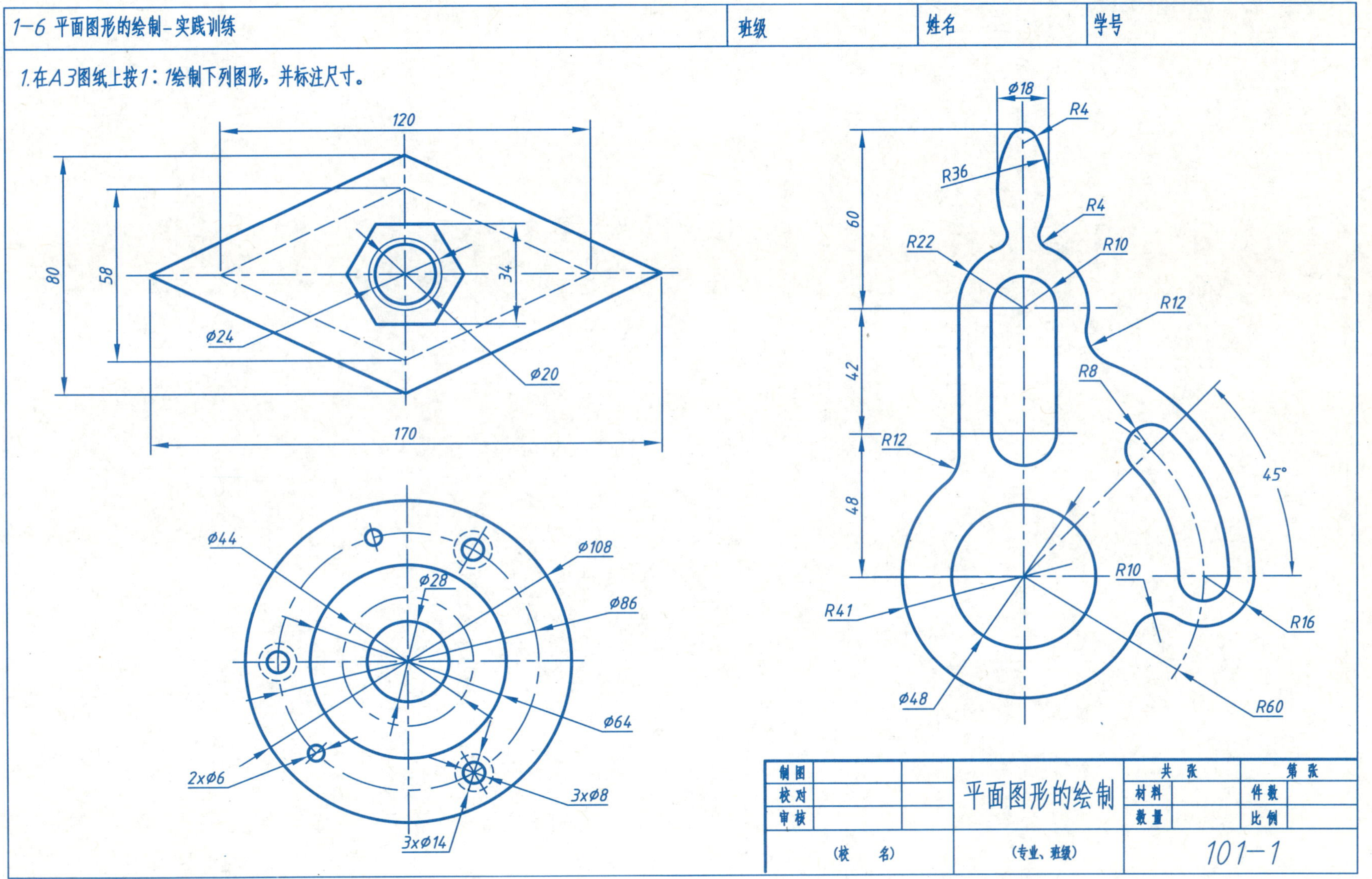

制图			平面图形的绘制	共 张		第 张	
校对				材料		件数	
审核				数量		比例	
(校 名)			(专业、班级)	101-1			

1-6 平面图形的绘制-实践训练	班级	姓名	学号

2.在A3图纸上绘制下列图形，并标注尺寸。

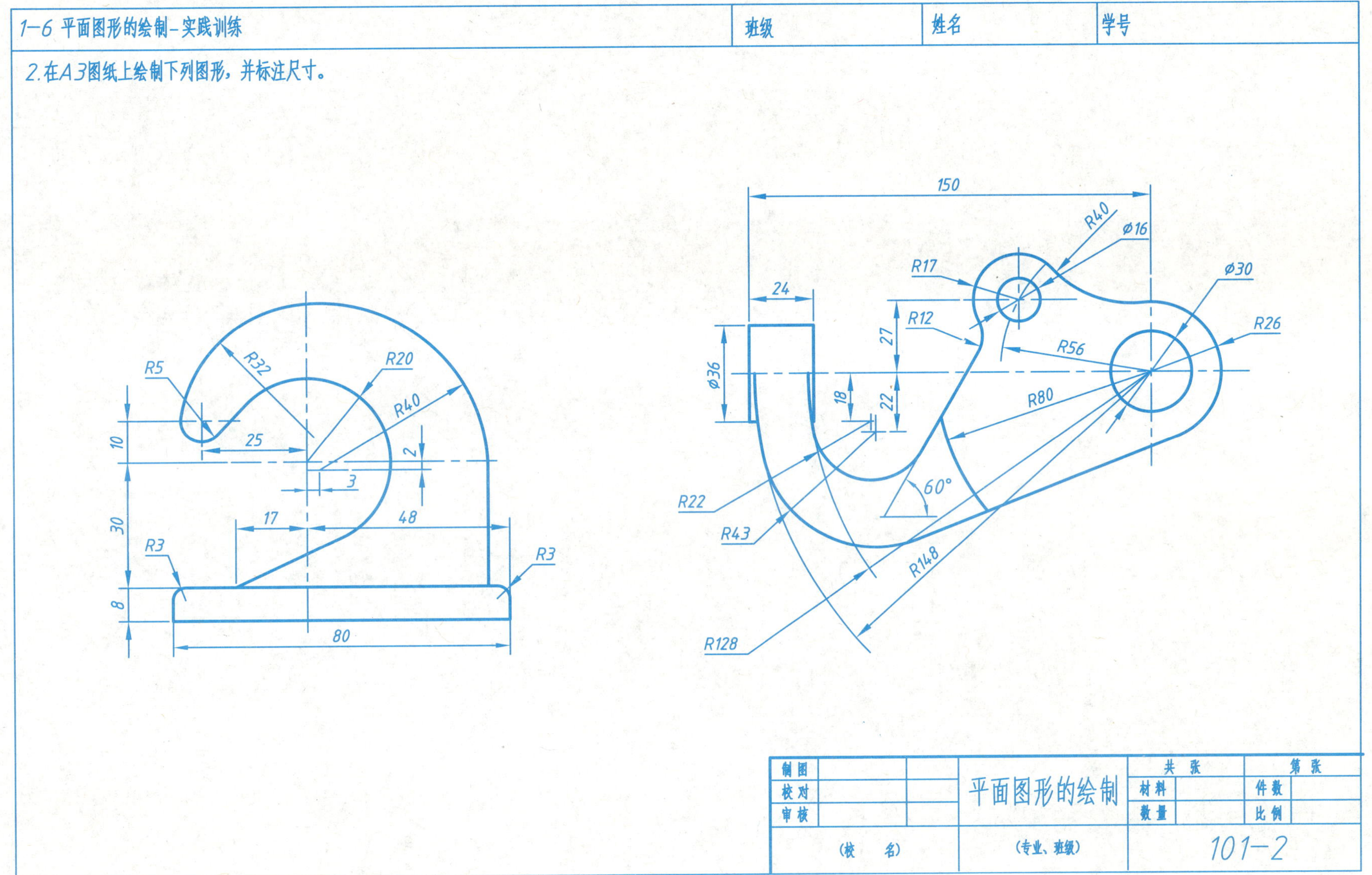

2-1 基本概念题	班级	姓名	学号

1. 回答下列问题:

(1) 什么叫做投影法?

(2) 投影法分有哪些种类?

(3) 从投影法种类、投影面、度量性、直观性和用途等方面比较三面正投影与轴测投影的区别?

(4) 工程中采用正投影来表达一个空间物体,为什么要进行三面投影?

2. 填空题:

(1) 三面投影的规律是 ______、______、______。

(2) 在空间直角坐标系的8个分角中,我国采用的是第 ______ 分角,美国、日本等国采用第______分角。

(3) 正等轴测图的轴间角为______;轴向变形系数为 ______。

(4) 斜二测的轴间角为______;轴向变形系数为 ______。

2-2 根据立体图找出对应的三面投影，并将对应的轴测图号填入括号内。	班级	姓名	学号

1. （ ）

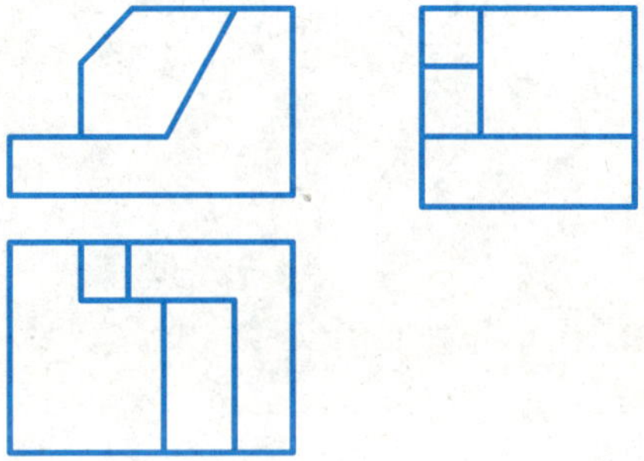

2. （ ）

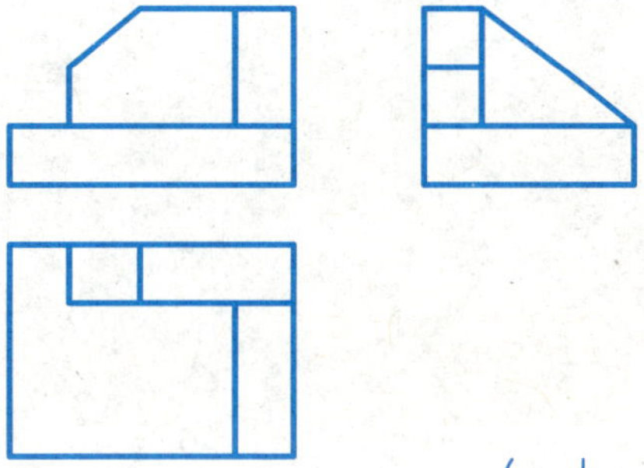

3. （ ）

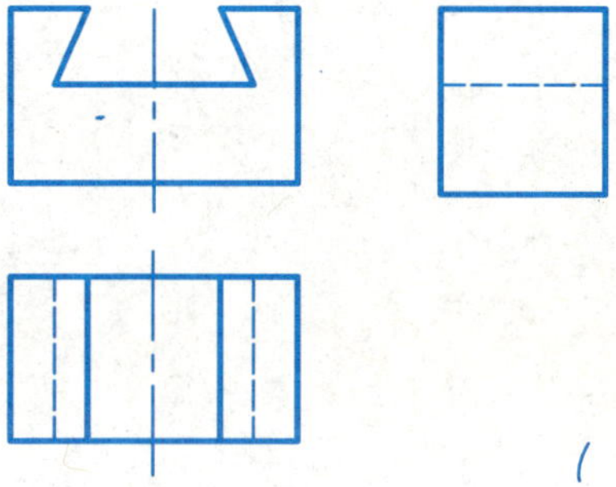

4. （ ）

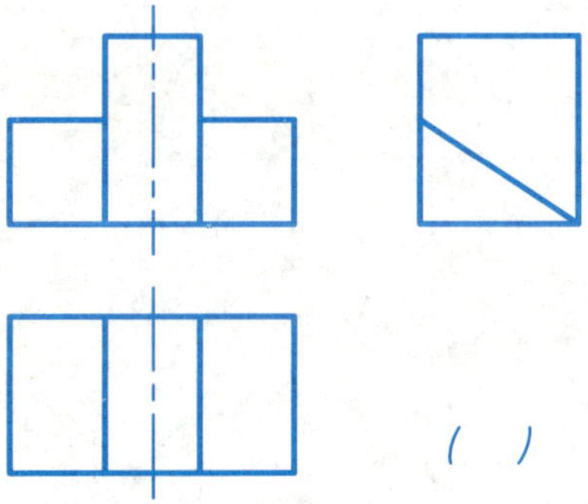

5. （ ）

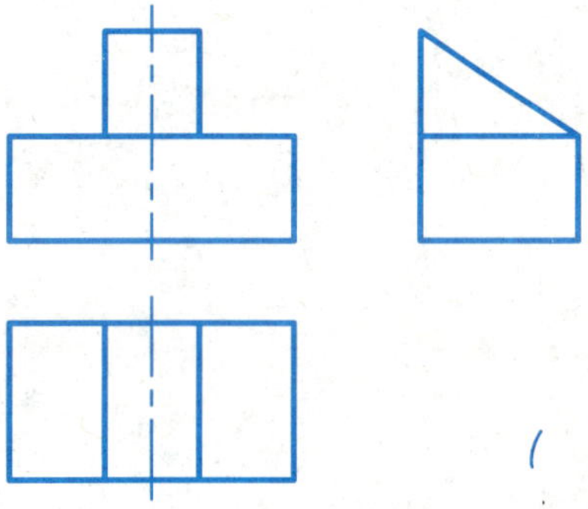

6. （ ）

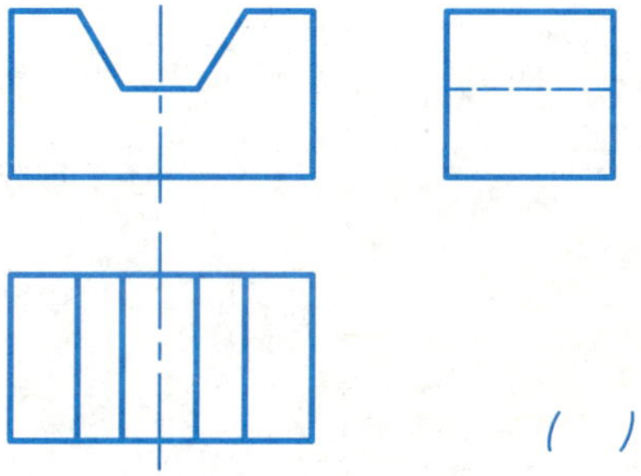

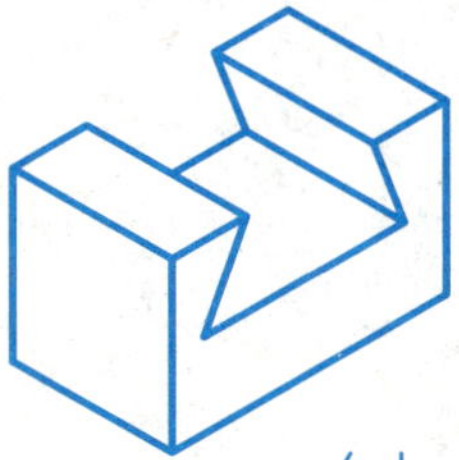

(a) 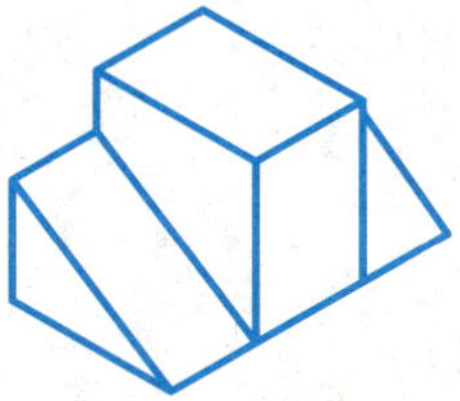 (b) 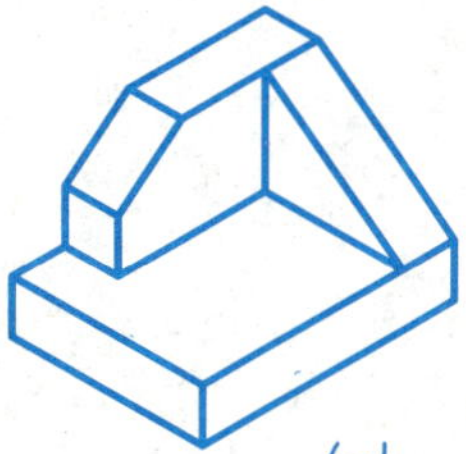 (c) 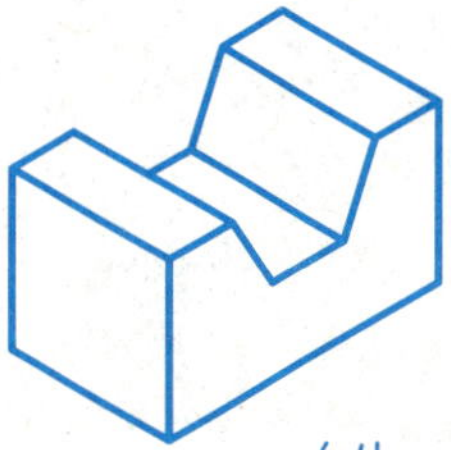 (d) 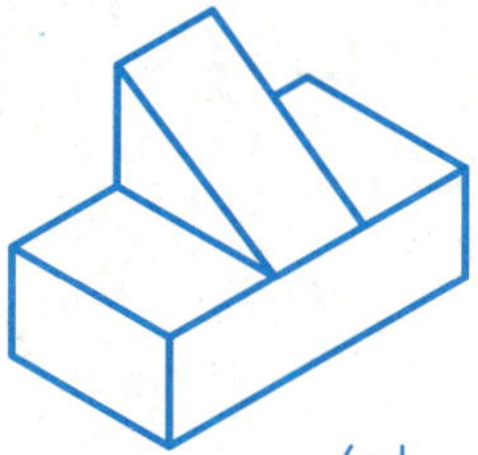 (e) 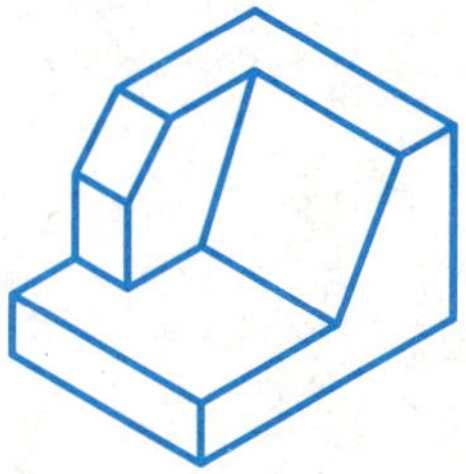 (f)

2-3 根据立体图画三面投影。	班级	姓名	学号

1.

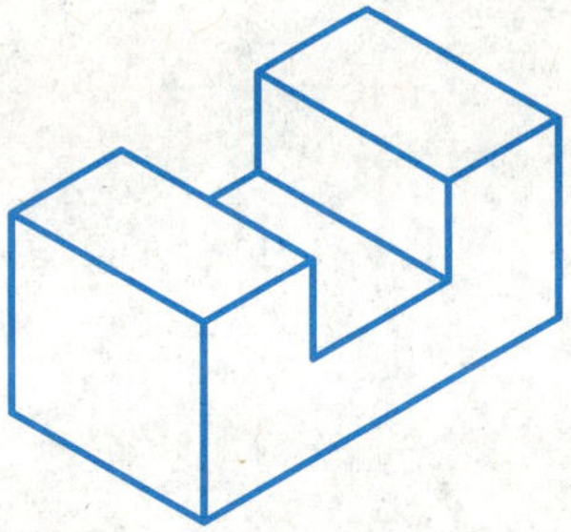

2.

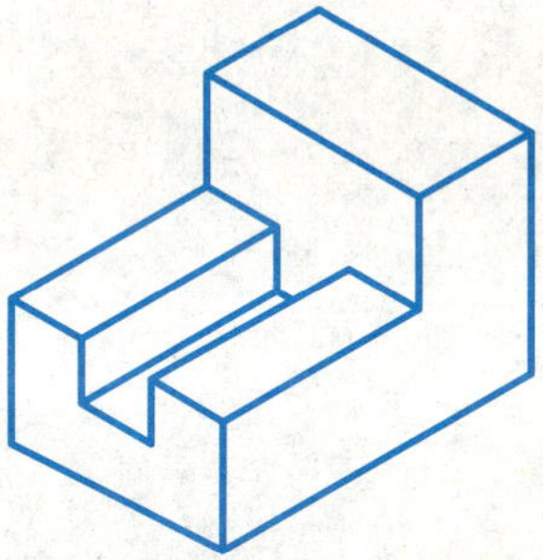

3.

4.

2-4 参照立体图，补画三面投影中所缺漏的图线。	班级	姓名	学号

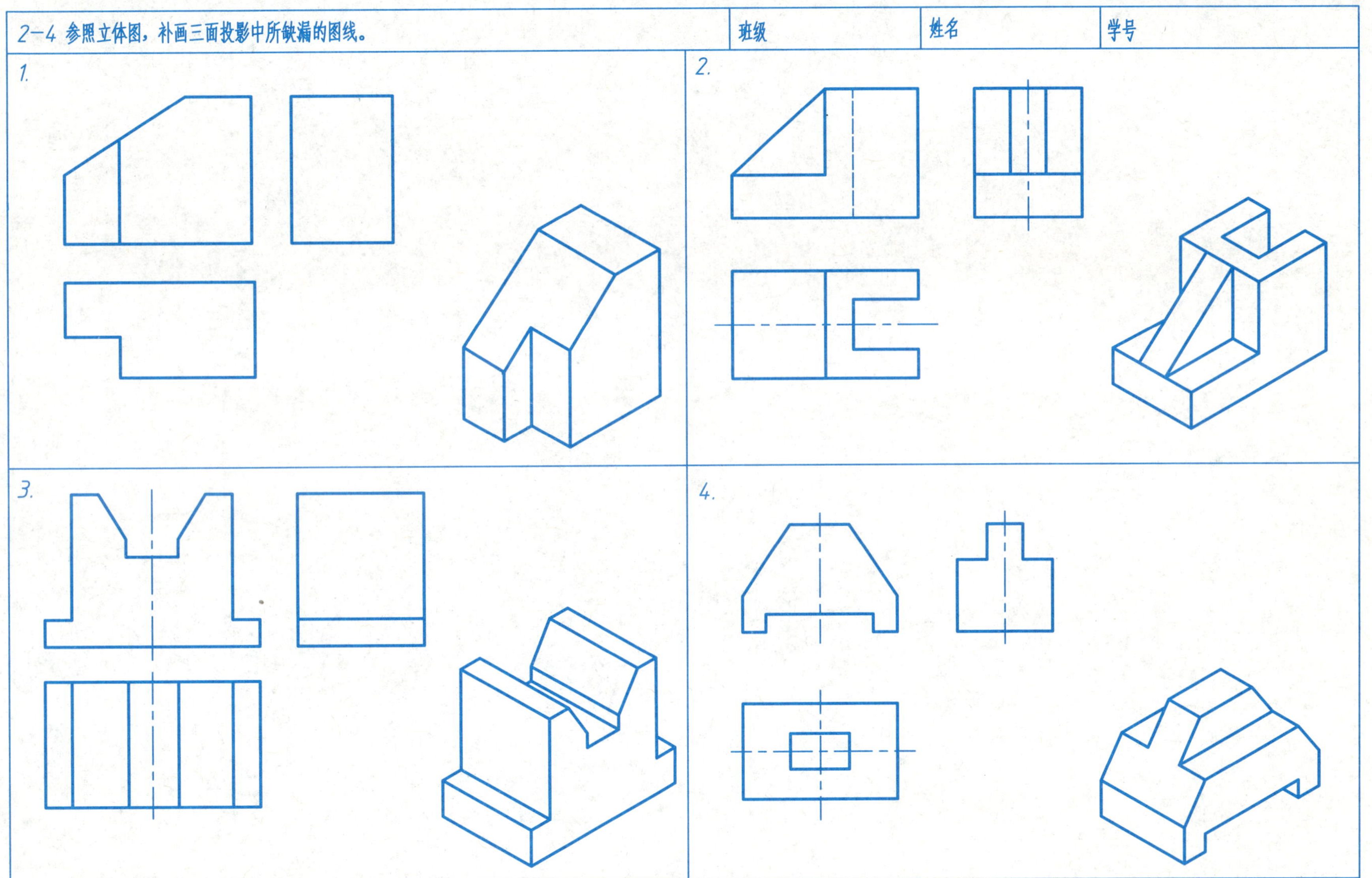

3-1 点的投影	班级	姓名	学号

1. 绘制点的两面投影。

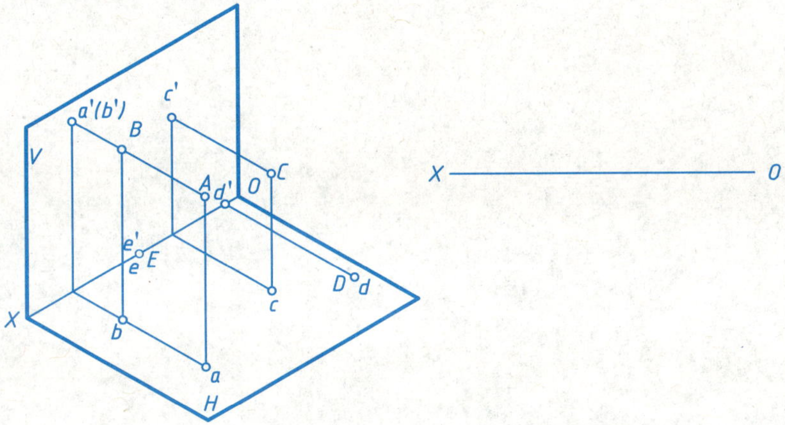

2. 已知A、B、C、D 各点的两面投影，求第三面投影。

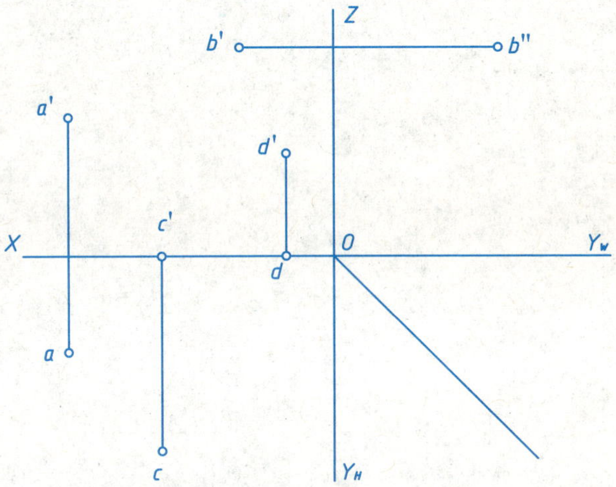

3. 已知点A（25,20,30）、B(10,0,20),C点与A点到V面等距，与B点到W面等距，且到H面的距离为10，求点A、B、C的三面投影。

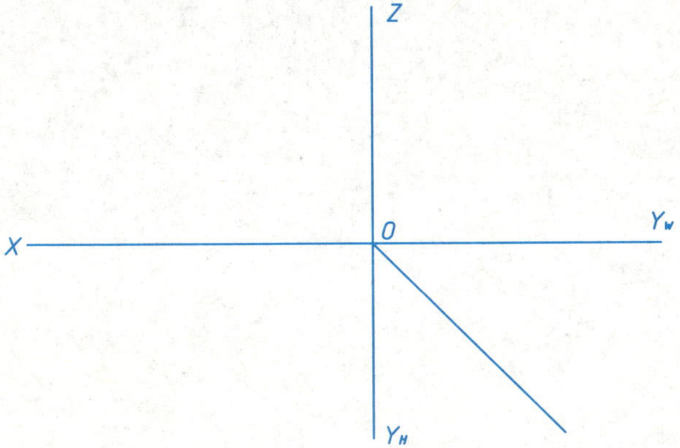

4. 已知A点的三面投影，B点在A点之左20mm，之上10mm，之后15mm。C点在A点的正后方10mm。D点在B点的正右方10mm。求点B、C、D的三面投影。

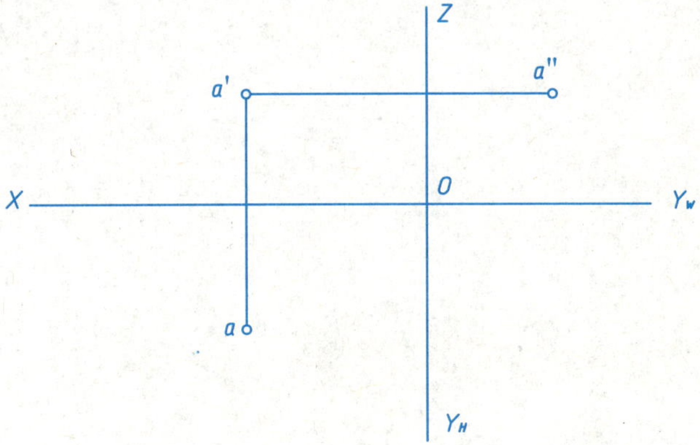

3-2 直线的投影	班级	姓名	学号

1. 已知直线AB的实长为20，过已知点A作直线AB，使其分别为水平线和铅垂线。

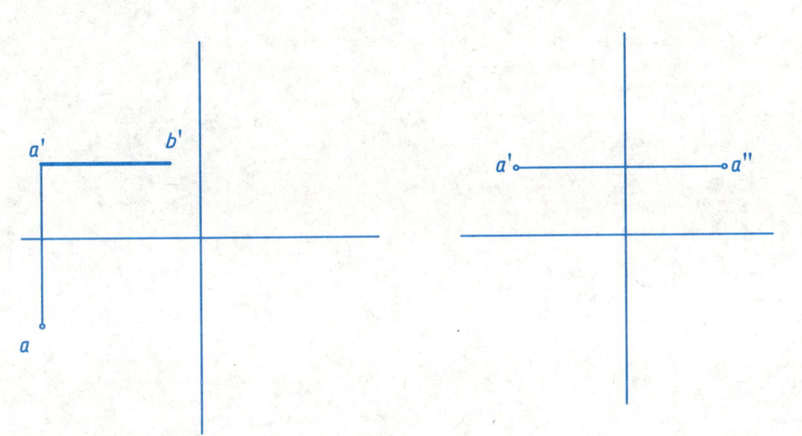

2. 指出下列直线与投影面的相对位置。

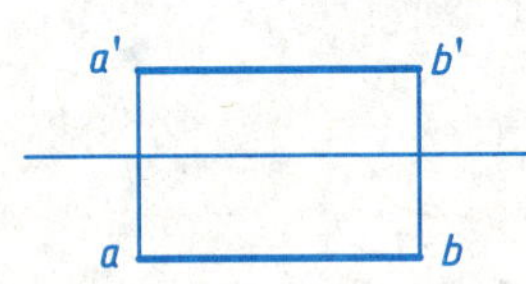

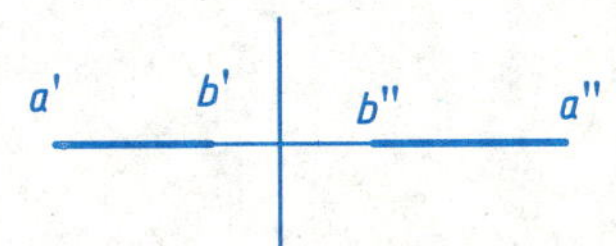

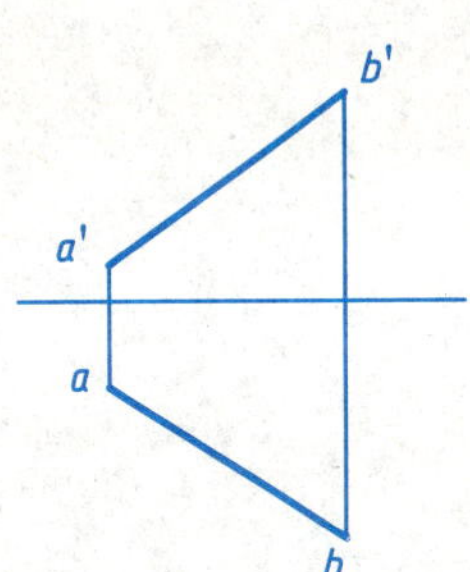

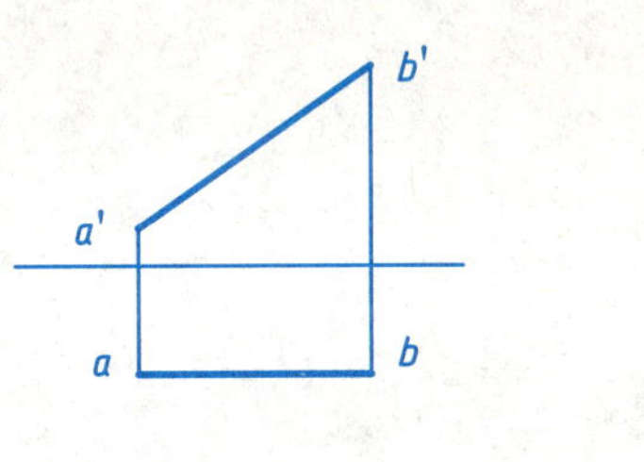

3. 已知直线AB的两面投影，求作该直线对投影面的倾角 α、β 并标出实长。

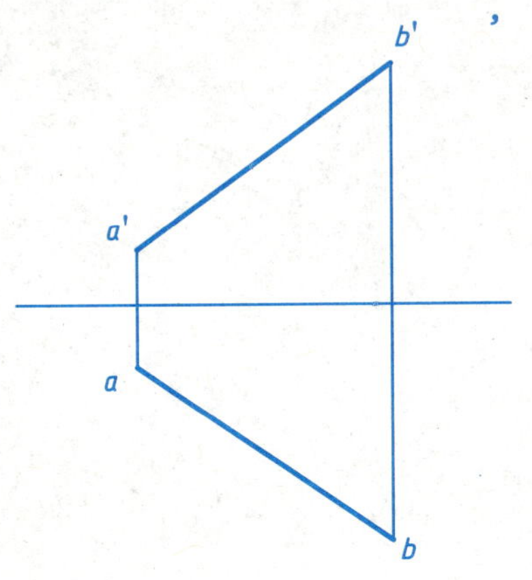

4. 已知直线AB 的 α=30°，完成AB的H面投影，有几解？

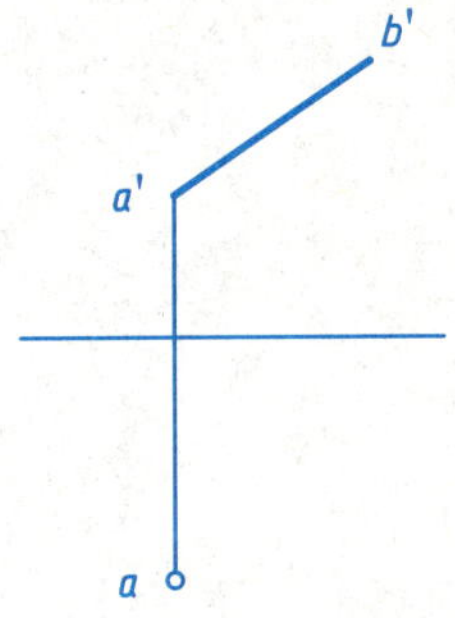

3-2 直线的投影	班级	姓名	学号

5. 已知直线AB、CD为相交直线，完成AB的投影。

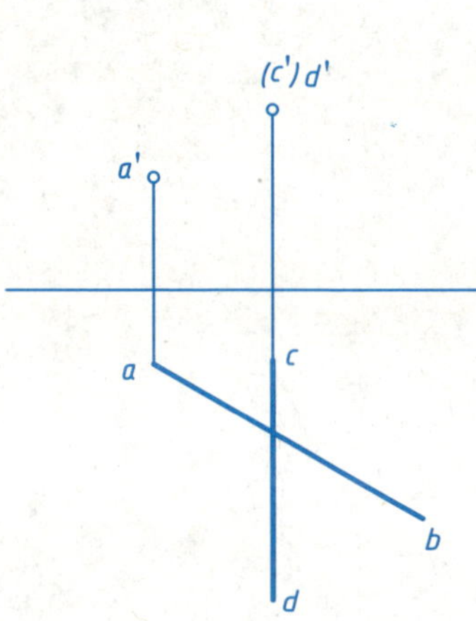

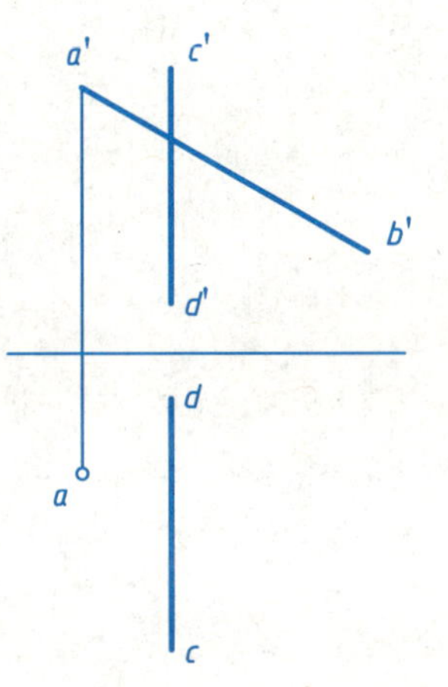

6. 已知水平线CD对V面的倾角为30°，CD与AB交于C点，AC长为20mm，CD长为30mm，求CD的投影。

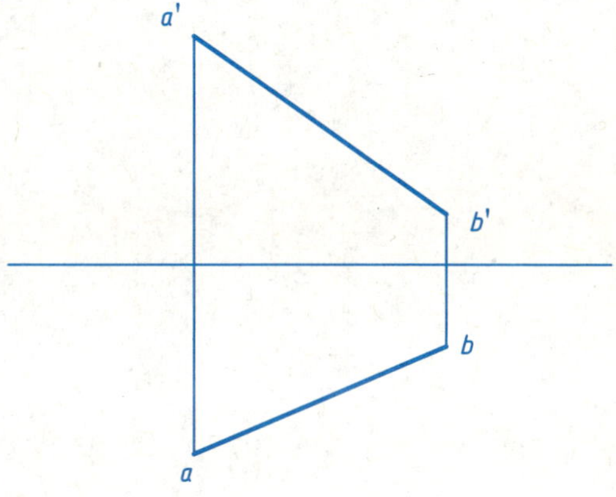

7. 判断直线AB、CD 的相对位置关系。

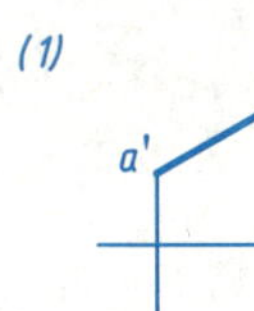

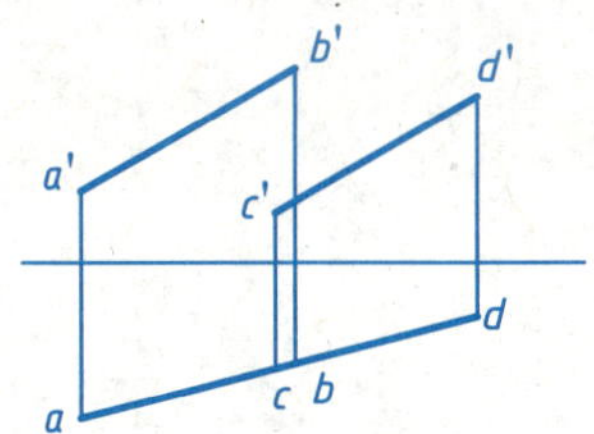

(2)

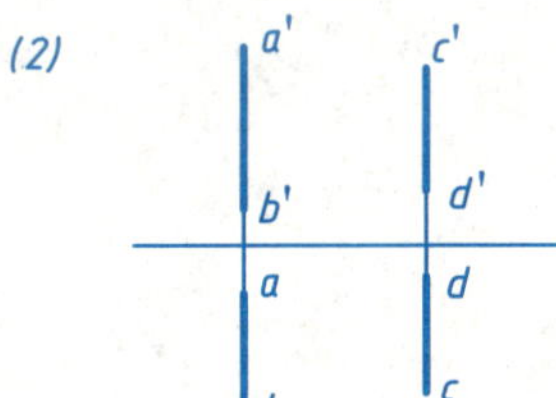

(3)

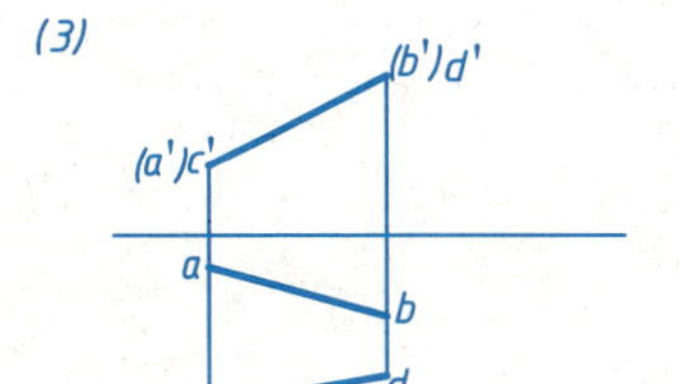

(4)

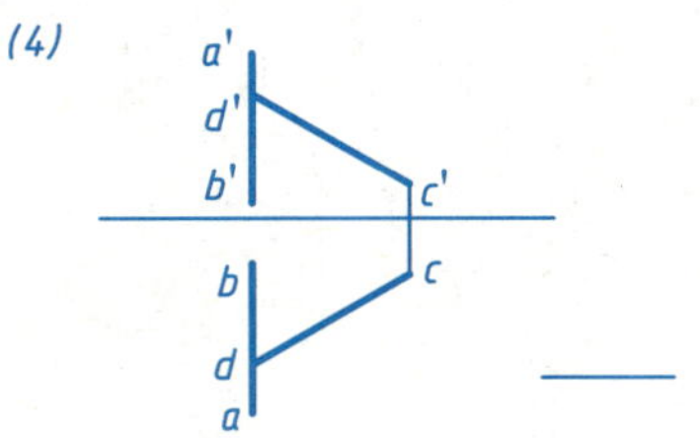

8. 过A点作直线分别与CD、EF相交。

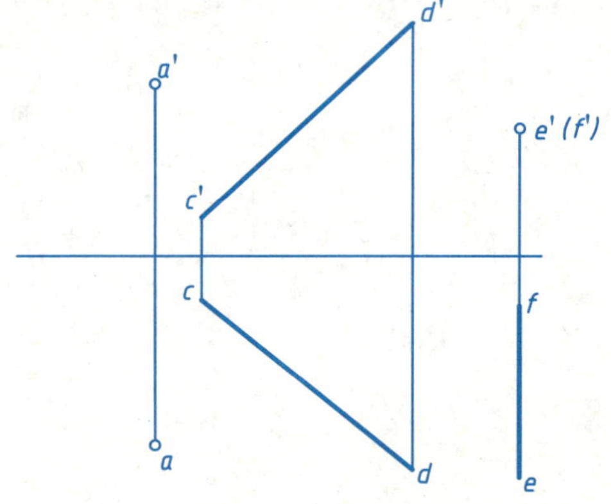

3-2 直线的投影	班级	姓名	学号

9. 已知菱形ABCD对角线AC的两面投影及B点的水平投影，完成菱形的两面投影。

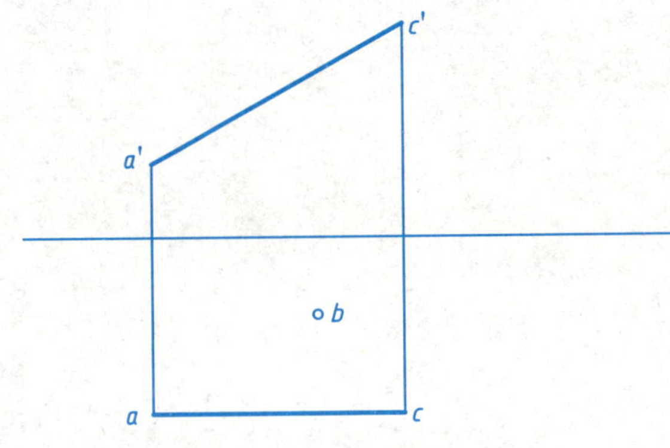

10. 判断两直线AB、CD是否垂直。

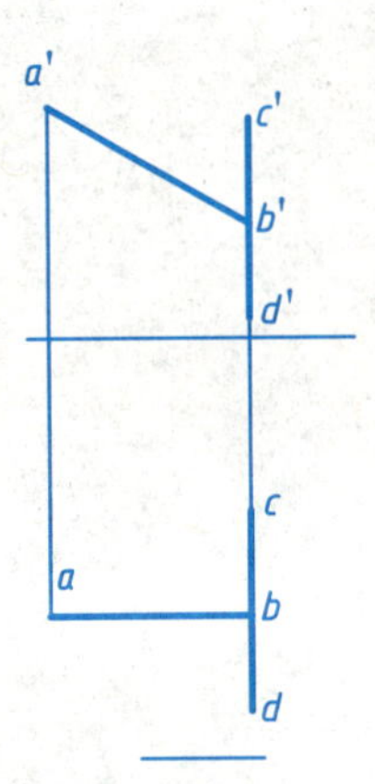

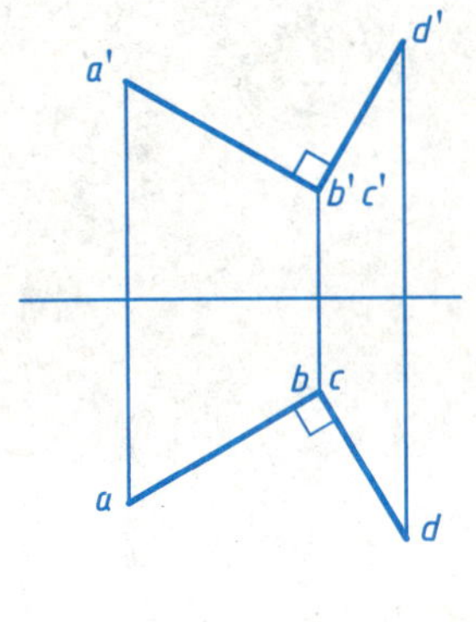

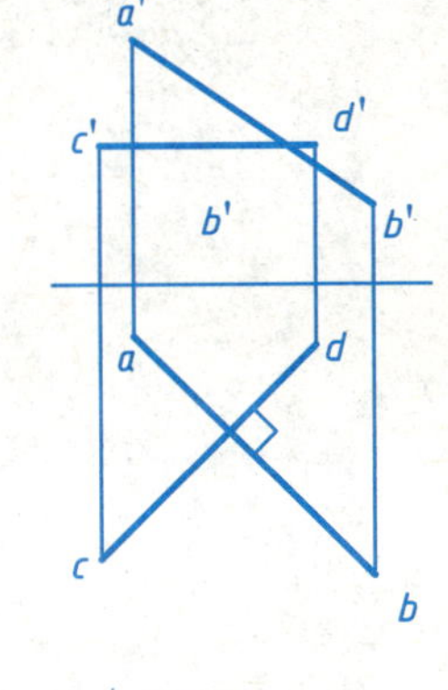

11. 过A点作直线与CD垂直，并作出两个答案。

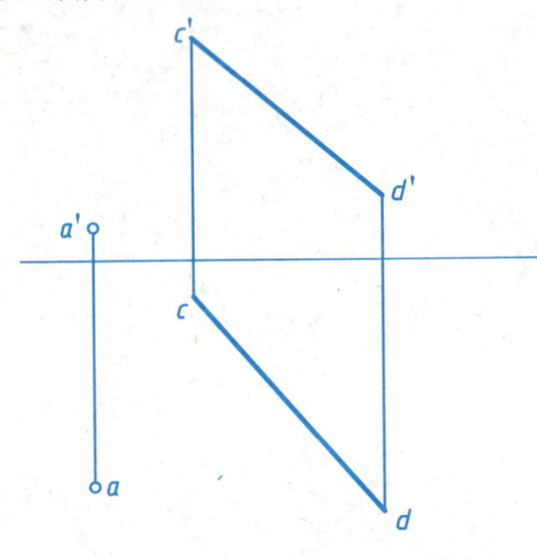

12. 求两平行直线AB、CD的距离。

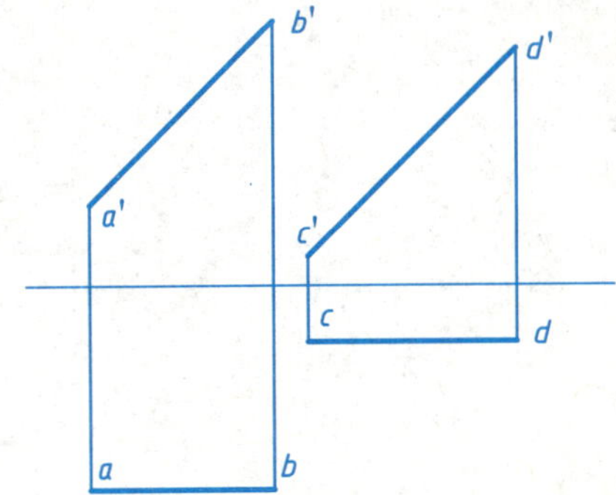

3-3平面的投影	班级	姓名	学号

1. 完成下列平面图形的第三面投影，并作出面上K点的其他投影。

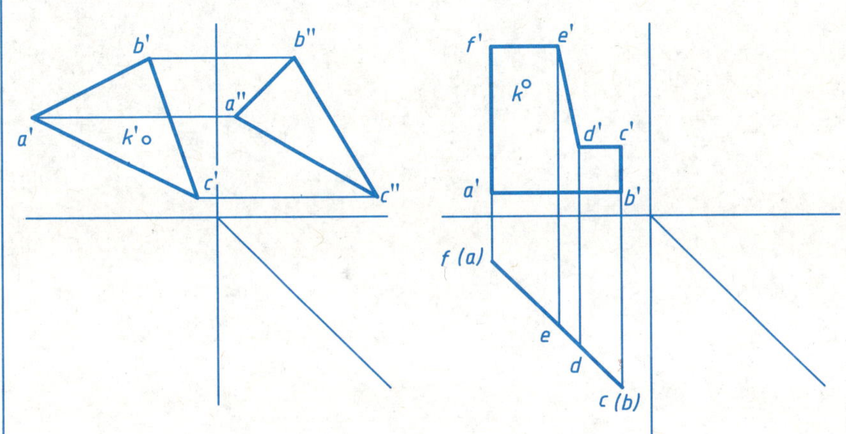

2. 判别正三棱锥S-ABC上各棱面是什么位置的平面。

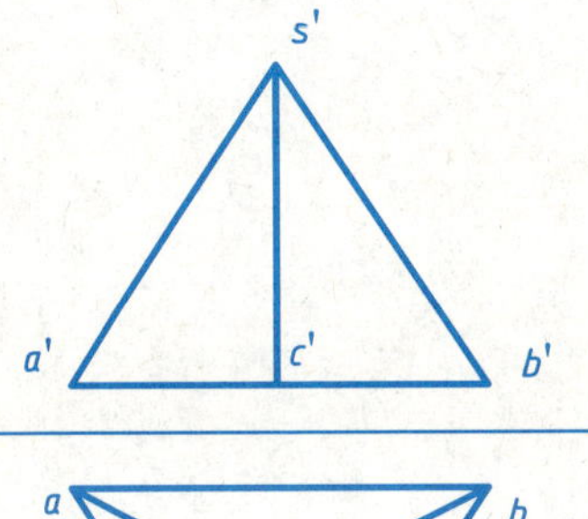

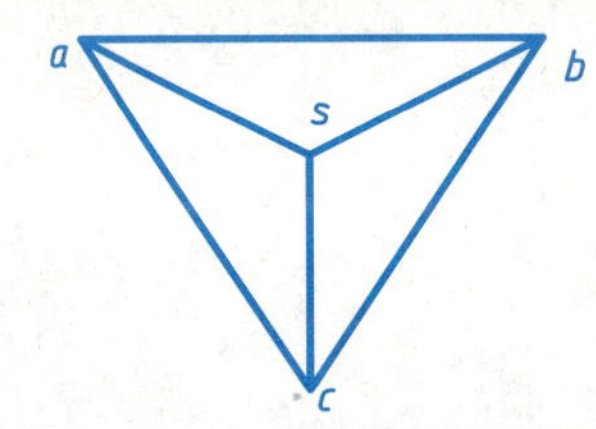

SAB是________

SAC是________

SBC是________

ABC是________

3. 完成平面图形ABCDEF的水平投影。

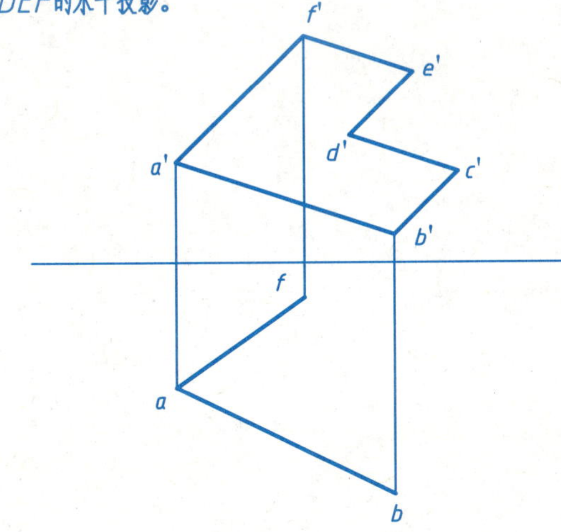

4. 包含下列点和直线作平面（用迹线表示）。

（1）作β=30°的铅垂面　（2）作正垂面　（3）作水平面　（4）作正平面

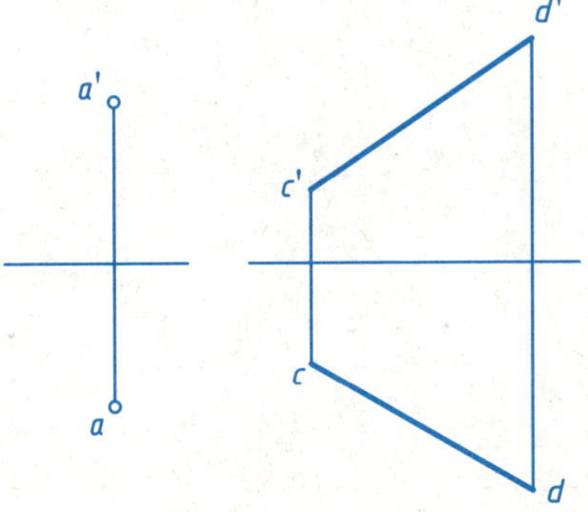

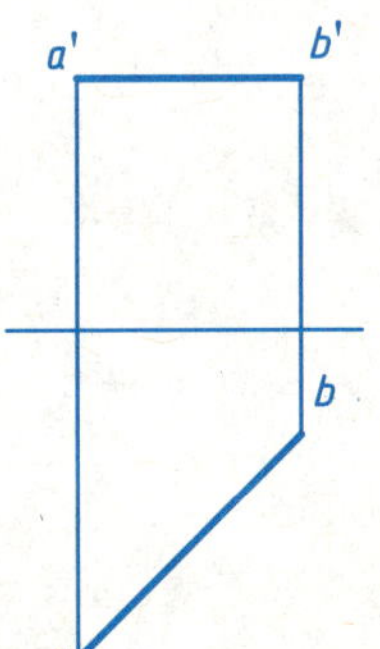

c'

d'

c (d)

3-3 平面的投影	班级	姓名	学号

5. 已知平面ABCD上 △DEF的正面投影，作出其水平投影。

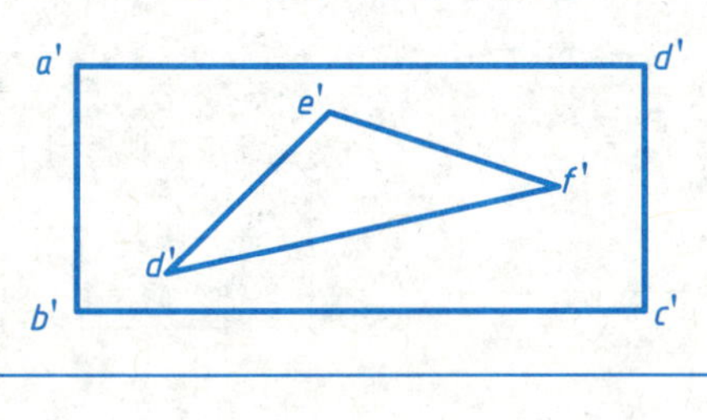

6. 已知K点在 △ABC上，求作 △ABC的水平投影。

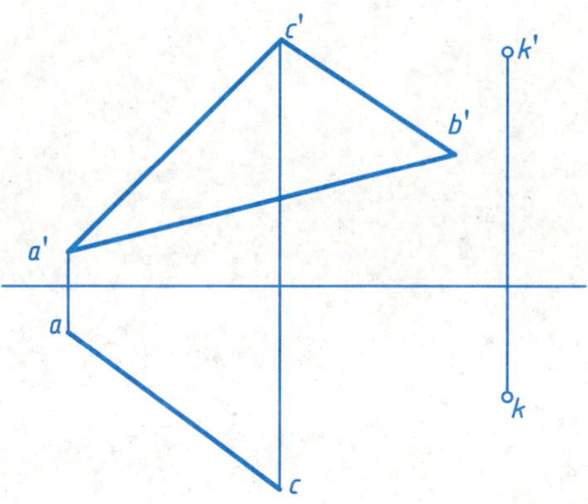

7. 在 △ABC上分别作距H面为20mm的水平线和距V面为15mm的正平线，并取一点K，使其到H面距离为20，到V面距离为15。

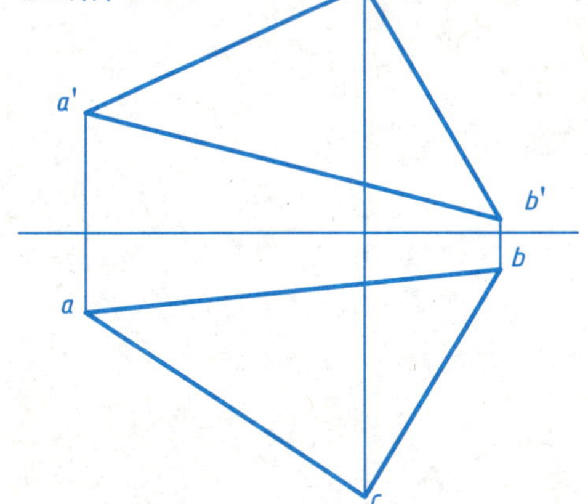

8. 判断下列各图中的点、直线是否在平面上。

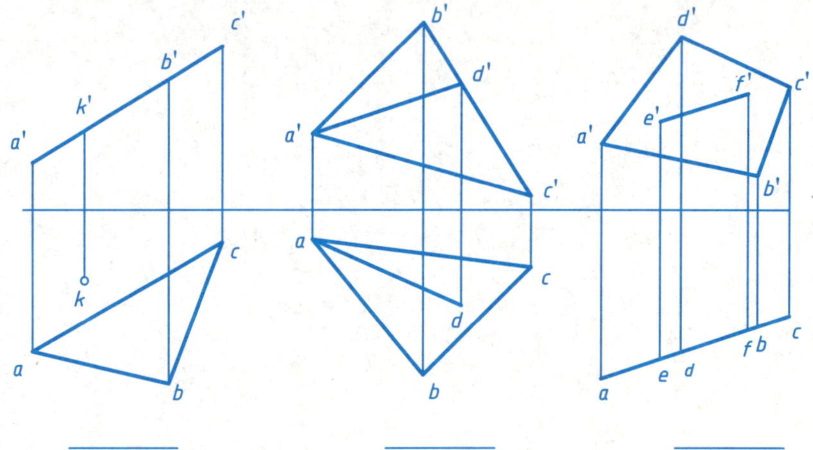

________ ________ ________

3-3 平面的投影	班级	姓名	学号

9. 过D点作一长15mm的直线DE，使其同时平行于 △ABC和V面。

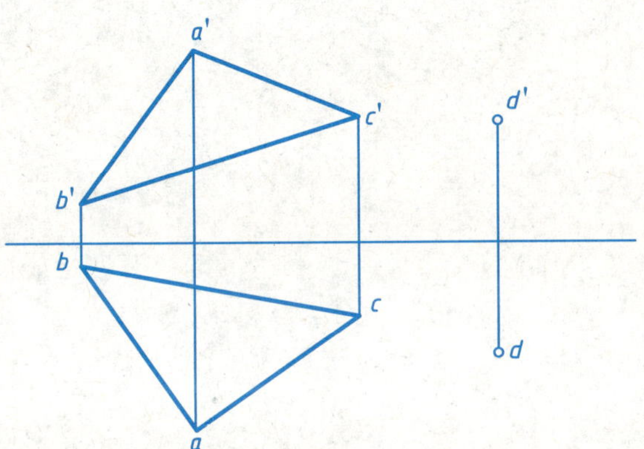

10. 过A点作一铅垂面 △ABC且平行于直线EF。

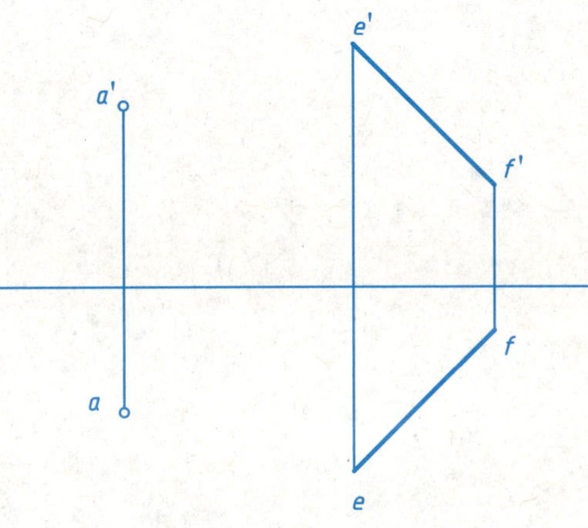

11. 过D点作 △DEF平行于 △ABC。

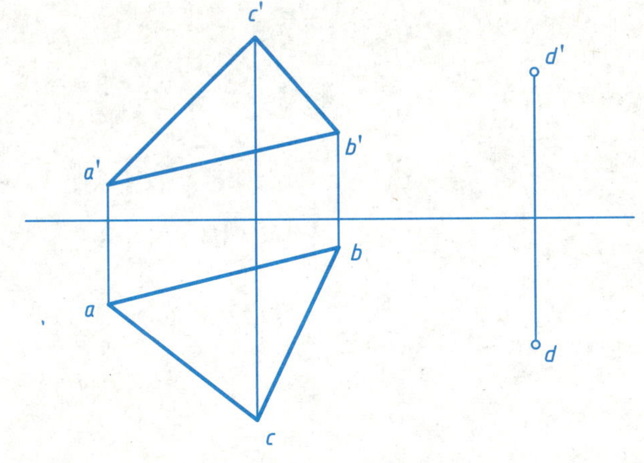

12. 判断直线MN是否平行于 △DEF，△ABC、△DEF是否平行。

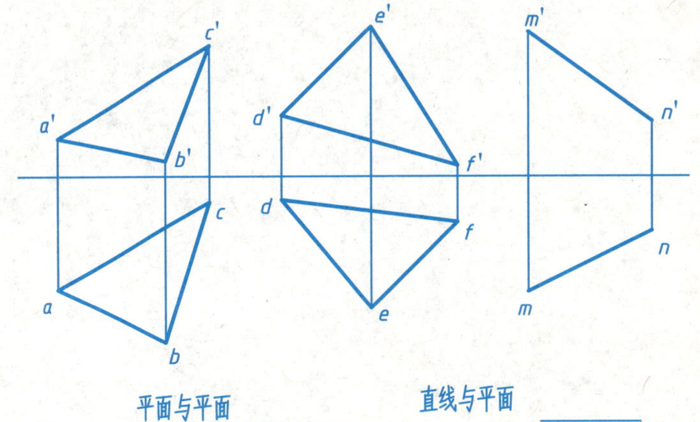

平面与平面 ________　　直线与平面 ________

3-4 直线与平面、平面与平面的相对位置	班级	姓名	学号

1. 求直线DE与△ABC的交点K，并判别可见性。

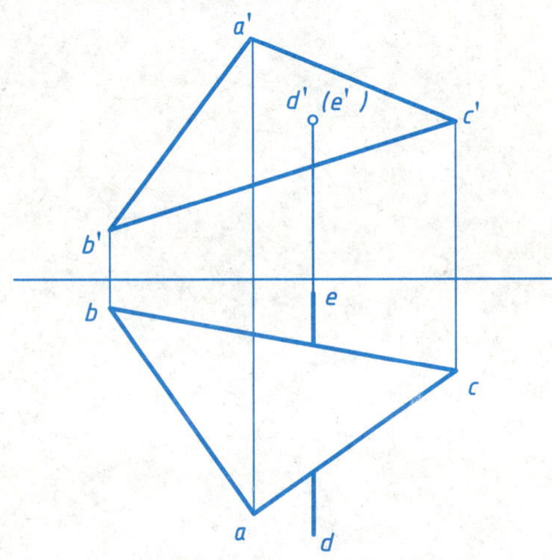

2. 求直线EF与△ABC的交点K，并判别可见性。

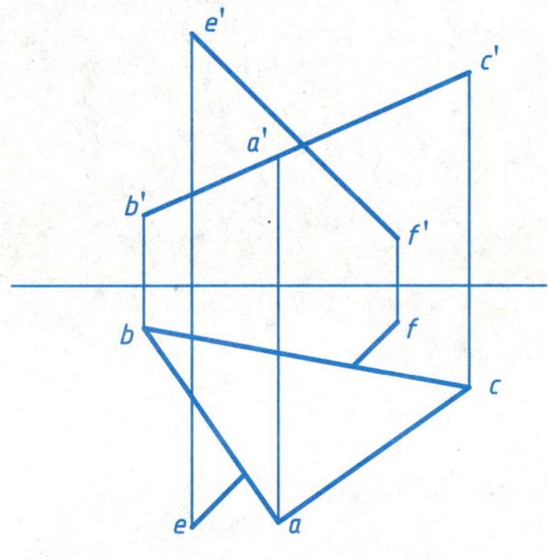

3. 求两平面△ABC、□DEFG的交线MN，并判别可见性。

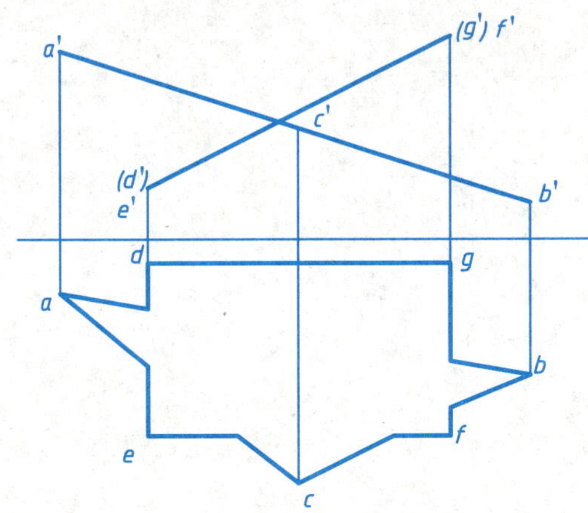

4. 求△ABC、△DEF的交线MN，并判别可见性。

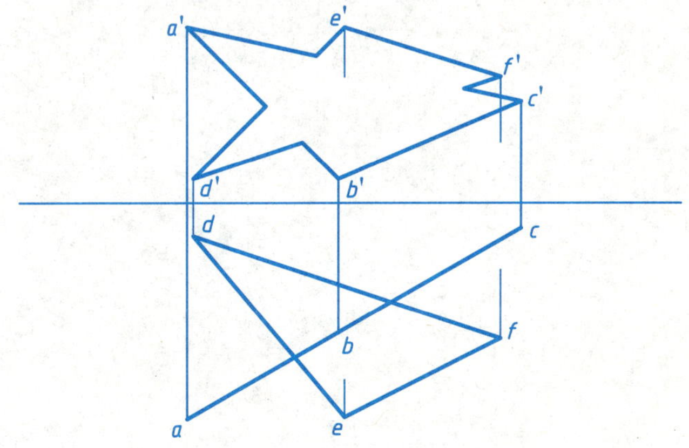

换面法	班级	姓名	学号

1. 求一般位置直线AB的α、β角。

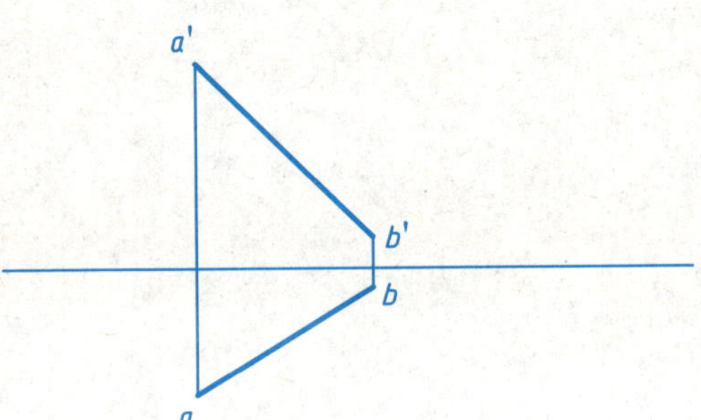

2. 求两平面△ABC、△ABD的夹角。

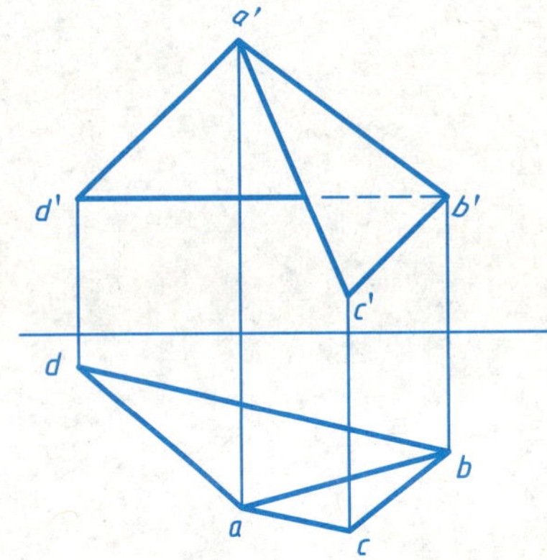

3. 求一般位置平面△ABC的β角和实形。

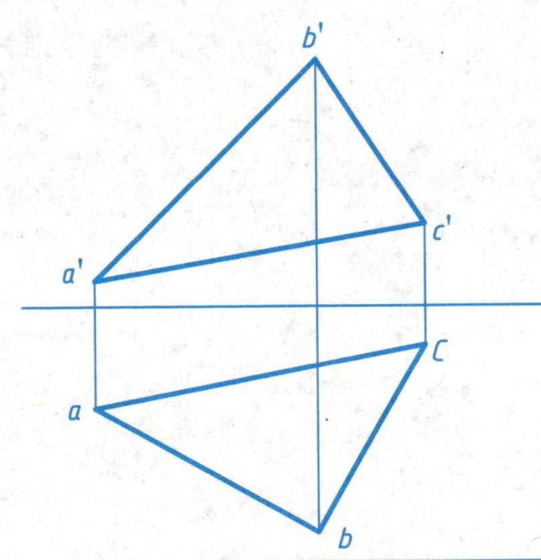

4. 求D点到平面△ABC的距离。

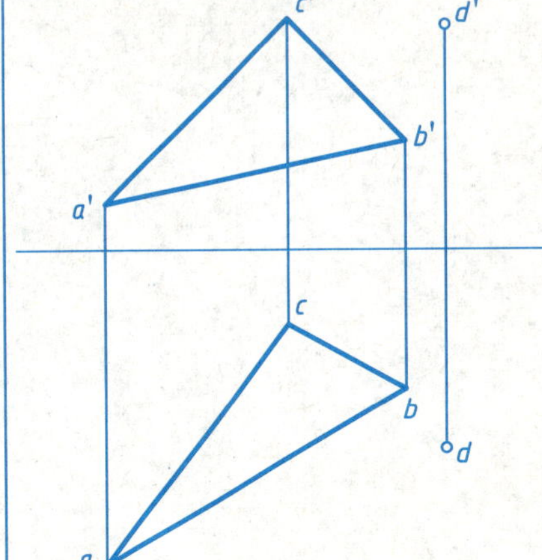

5-1 求作平面立体的第三投影，并补全立体表面上各点的另两面投影图。	班级	姓名	学号

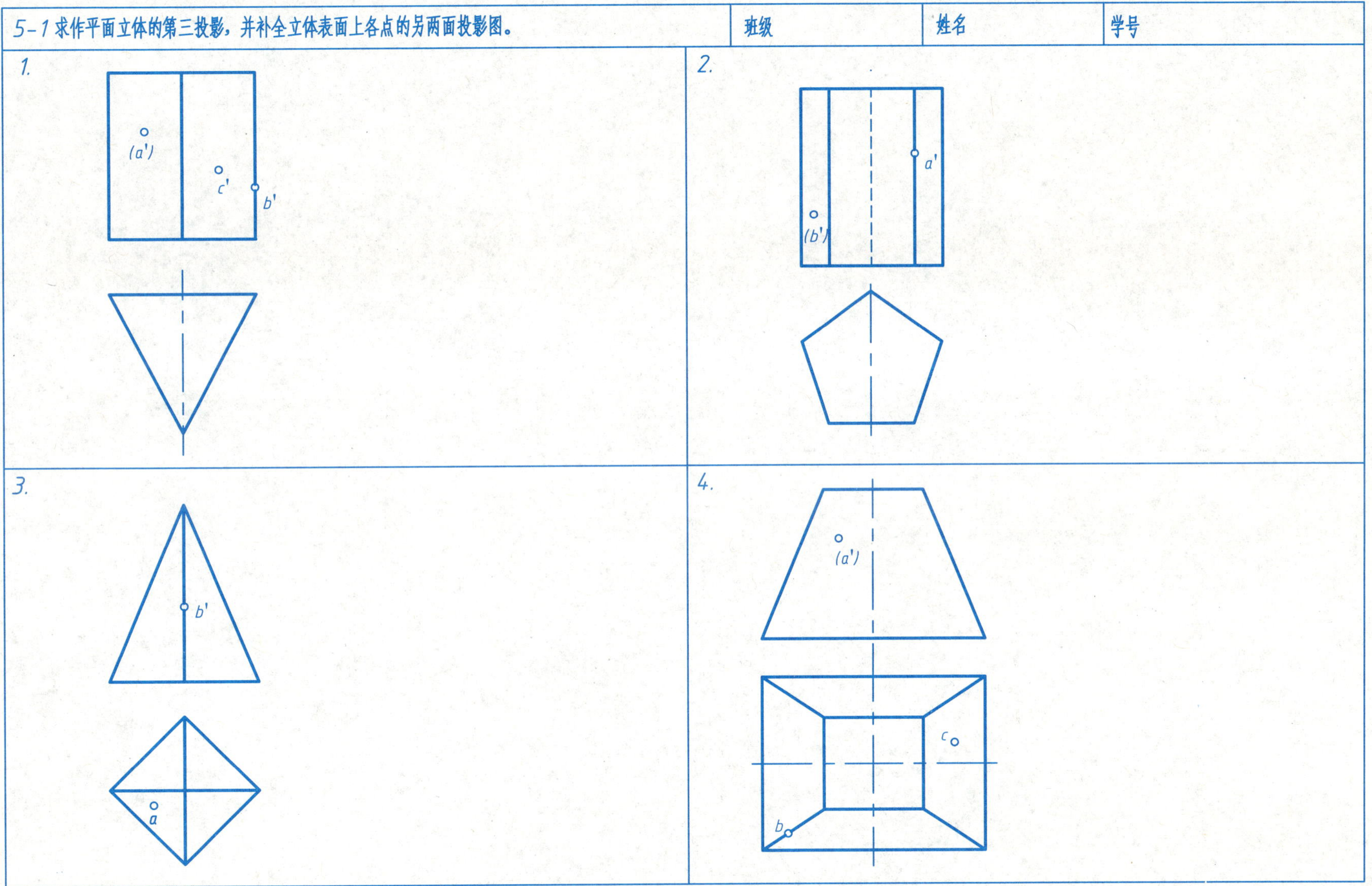

5-2 求曲面立体的第三投影，并补全立体表面上各点的其余两面投影图。	班级	姓名	学号

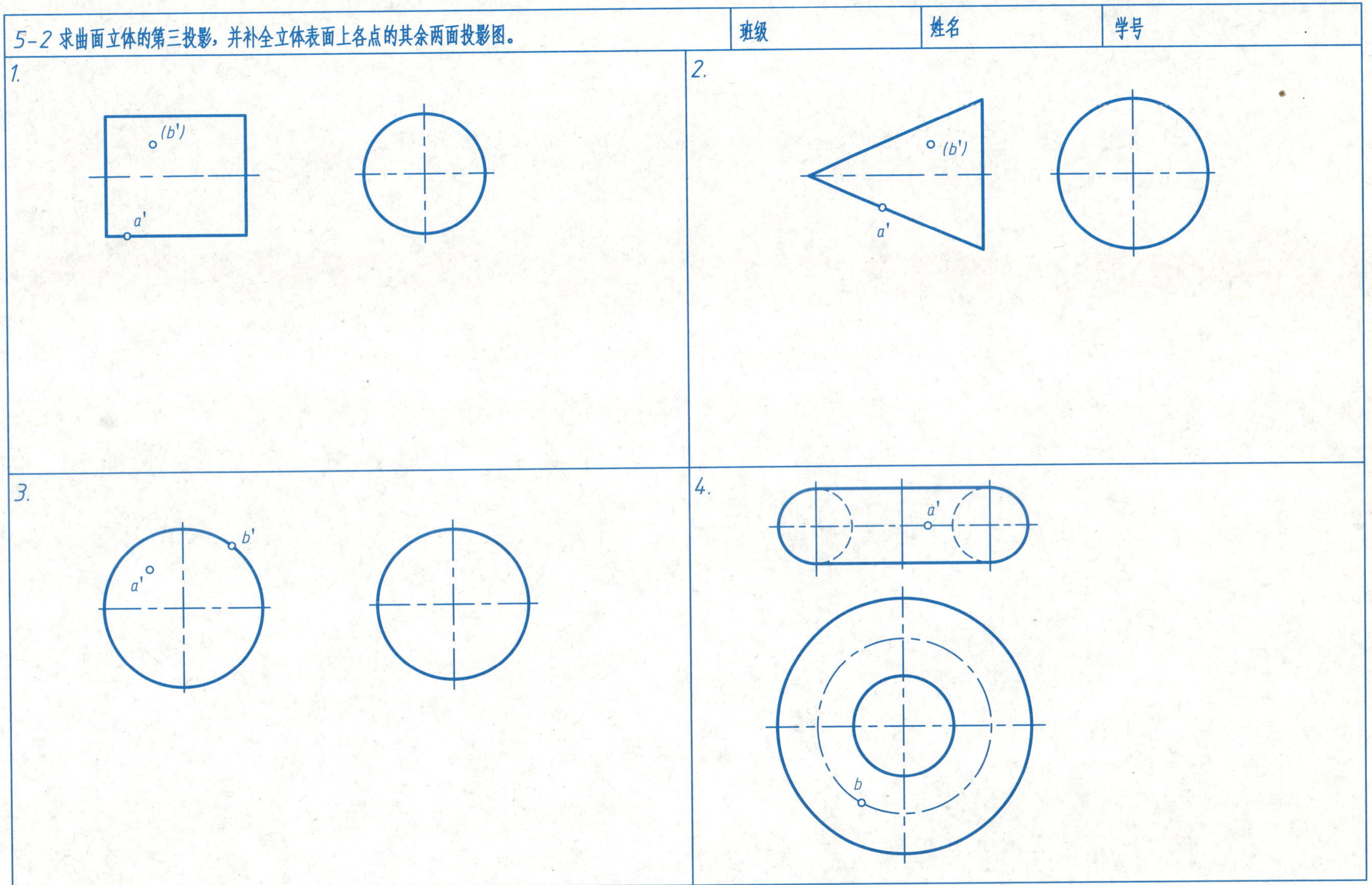

5—3 补画平面立体的第三投影，并画出其正等轴测投影图。	班级	姓名	学号

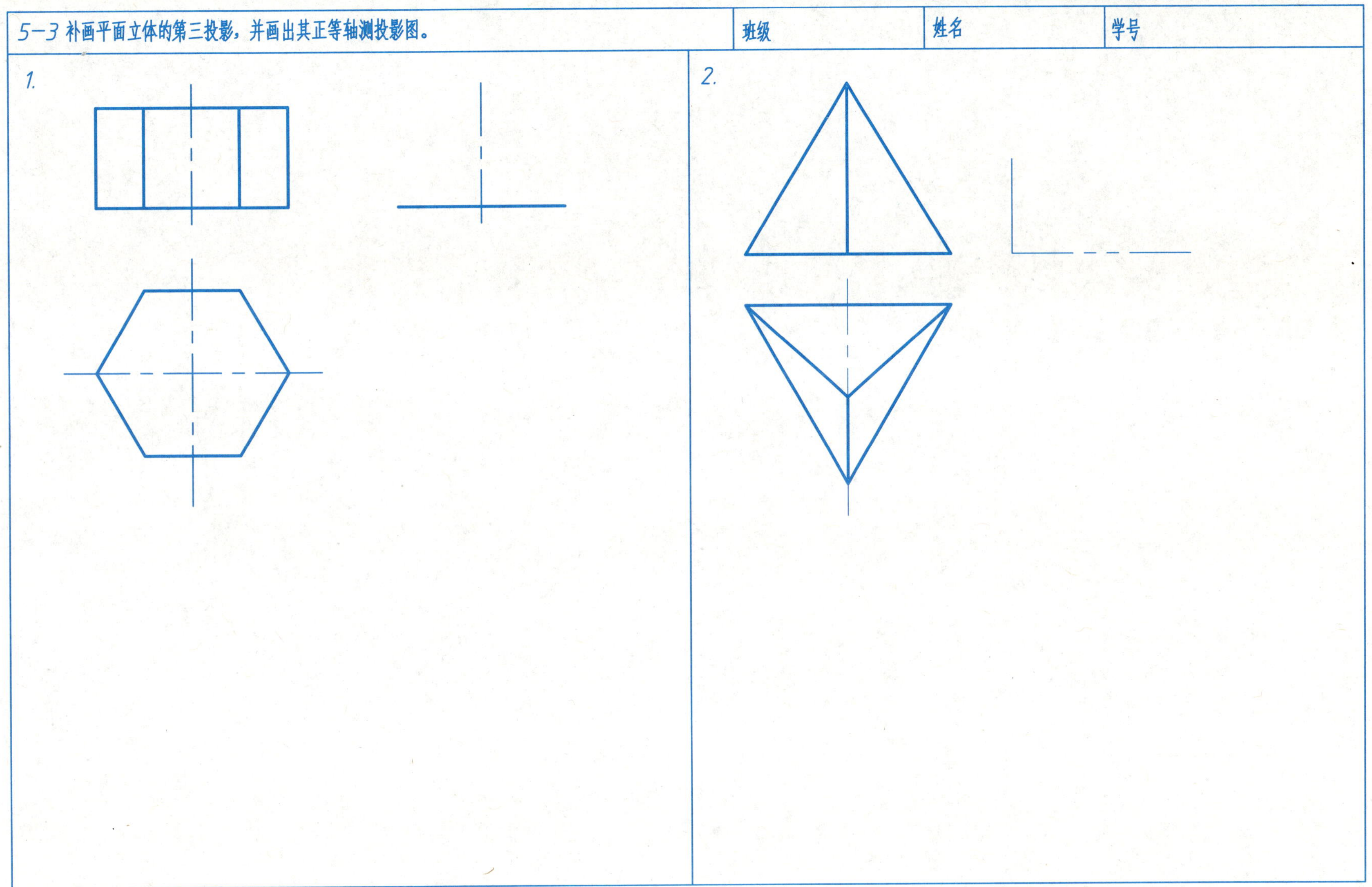

5-4 补画曲面立体的第三投影并绘制其正等轴测投影图。	班级	姓名	学号

1.

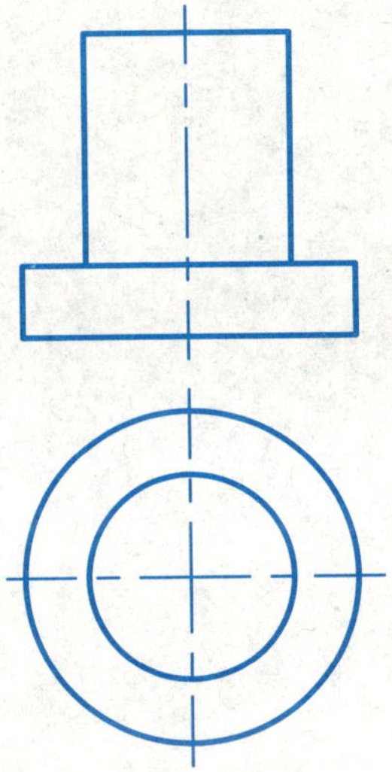

2.

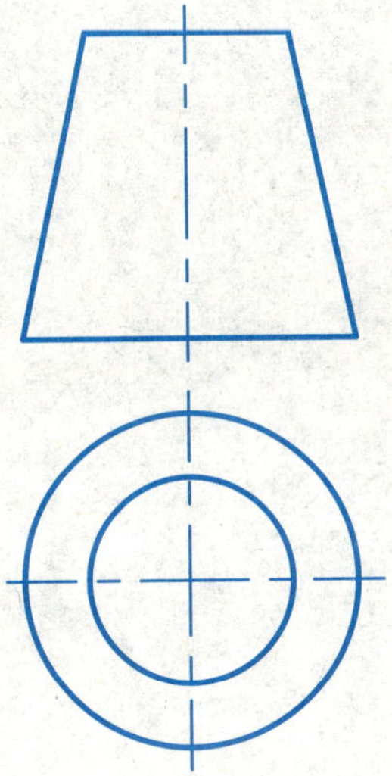

5-5 根据轴测图，补画三面投影中缺漏的图线。	班级	姓名	学号

1.

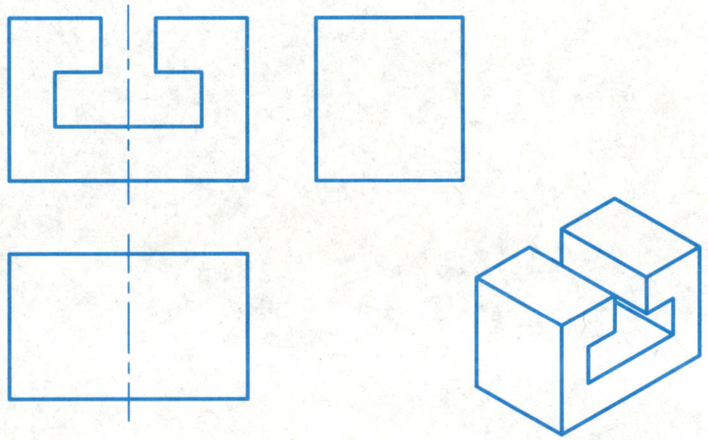

2.

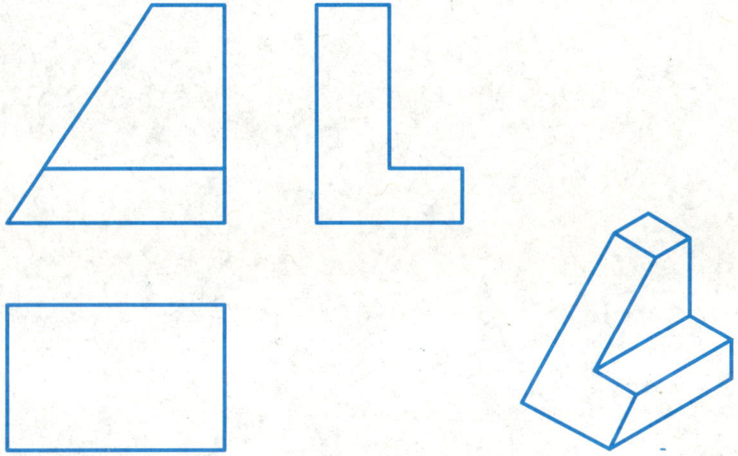

3.

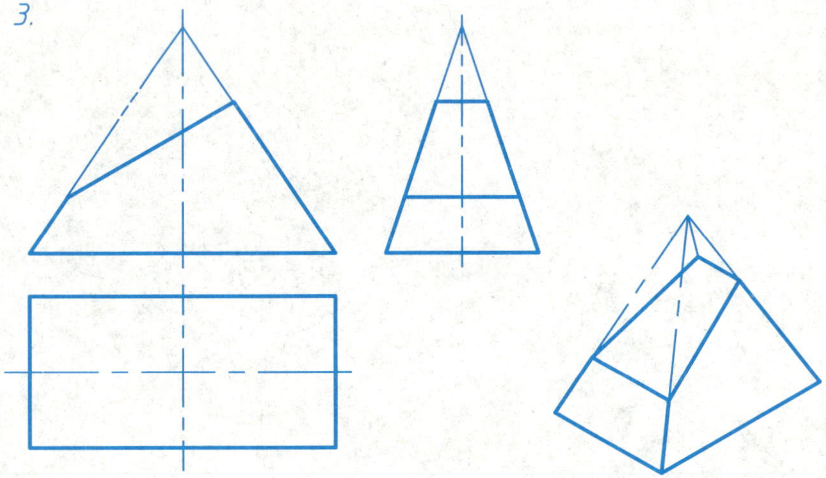

4.

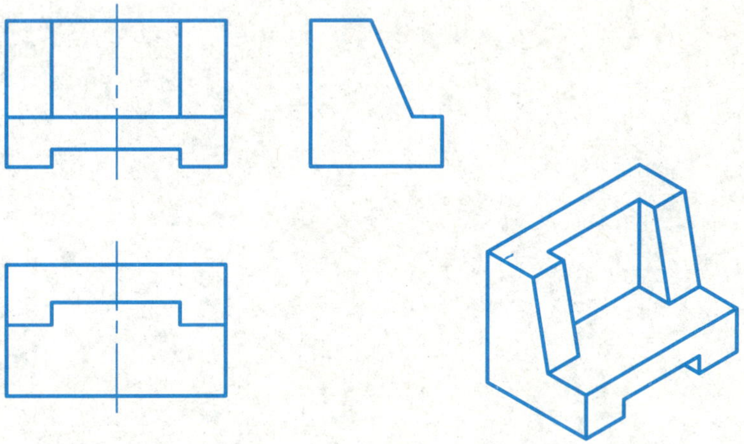

5−5 根据轴测图，补画三面投影中缺漏的图线。　班级　姓名　学号

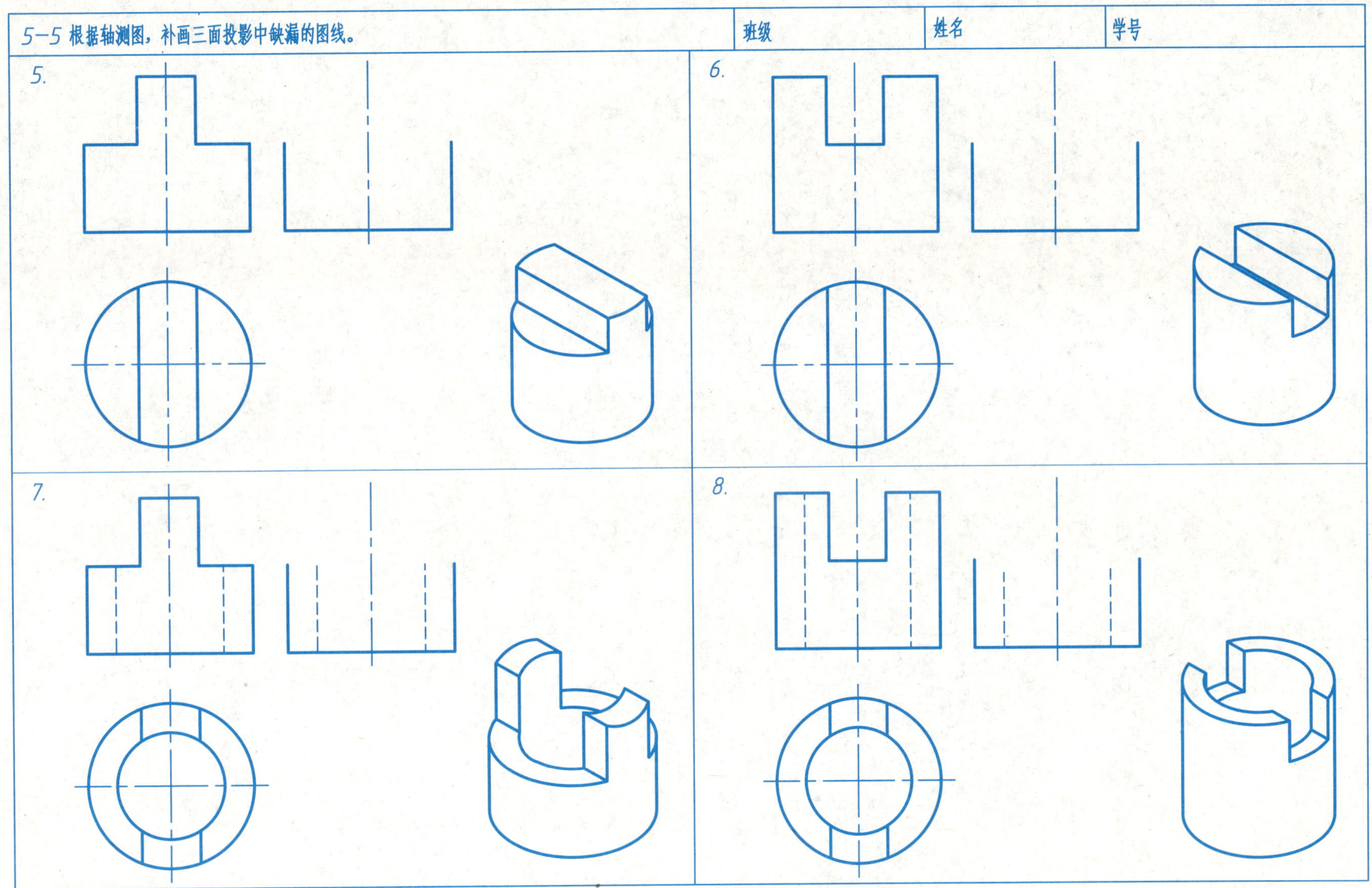

5-5 根据轴测图，补画三面投影中缺漏的图线。	班级	姓名	学号

9.

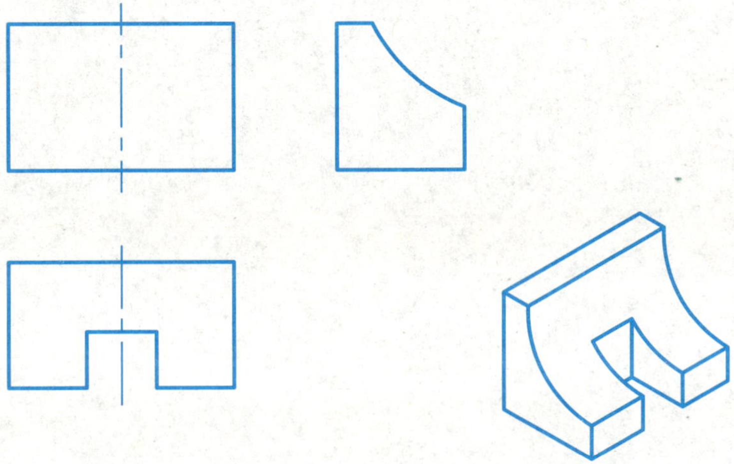

10.

11.

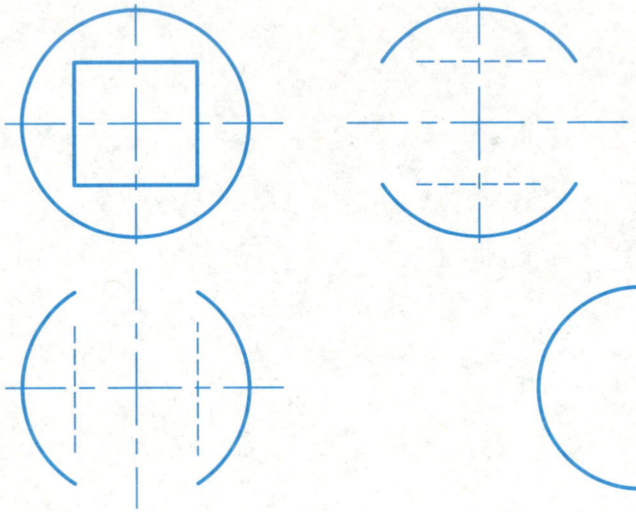

12.

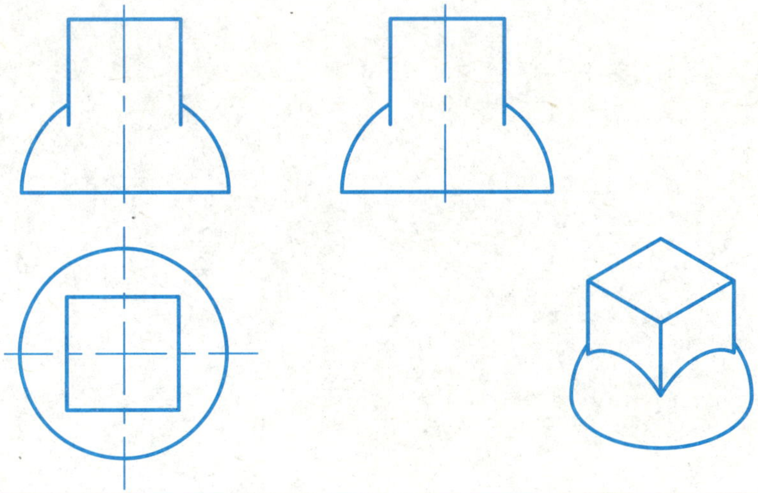

5-6 根据已知投影补画第三投影图。	班级	姓名	学号

1.

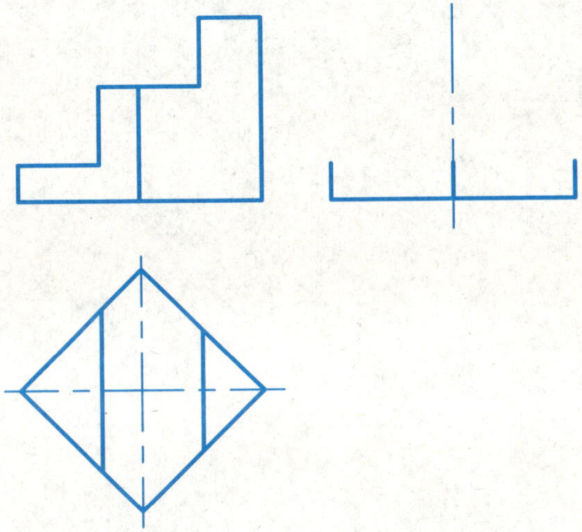

2.

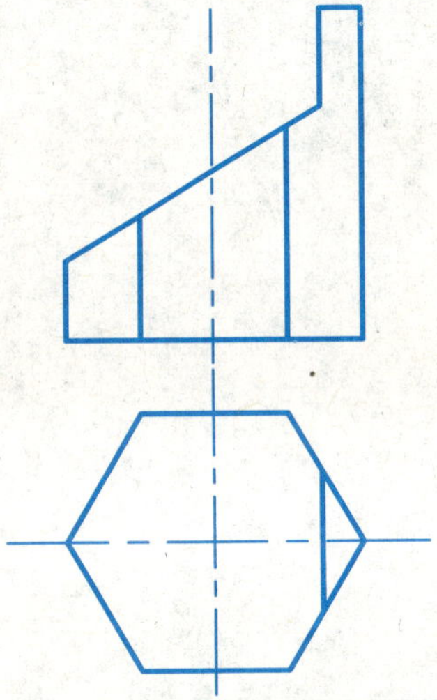

3.

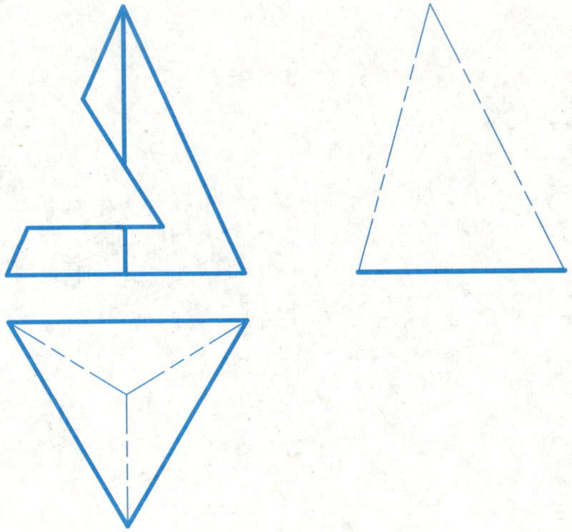

4.

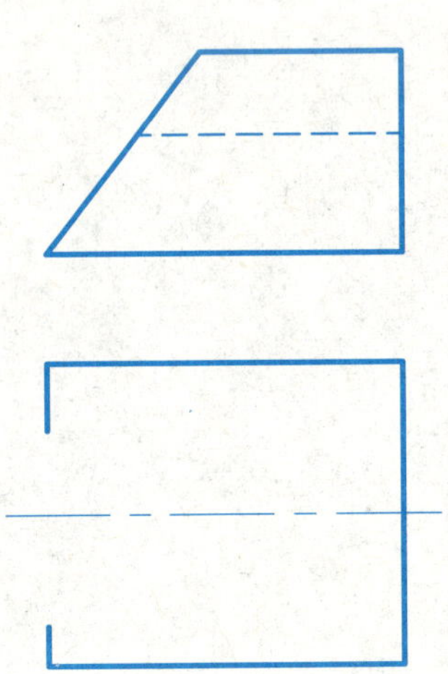

5-6 根据已知投影补画第三投影图。	班级	姓名	学号

5.

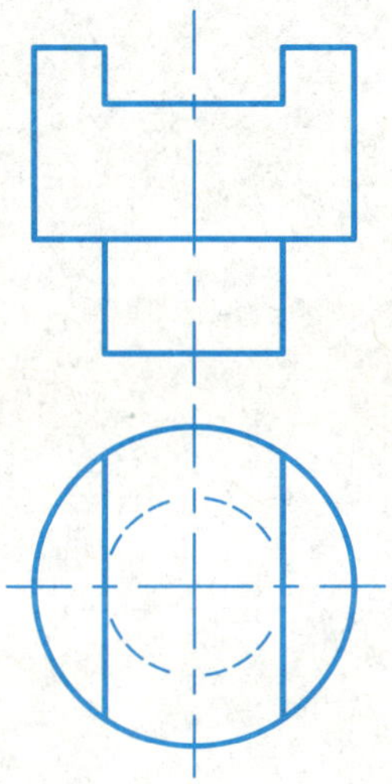

6.

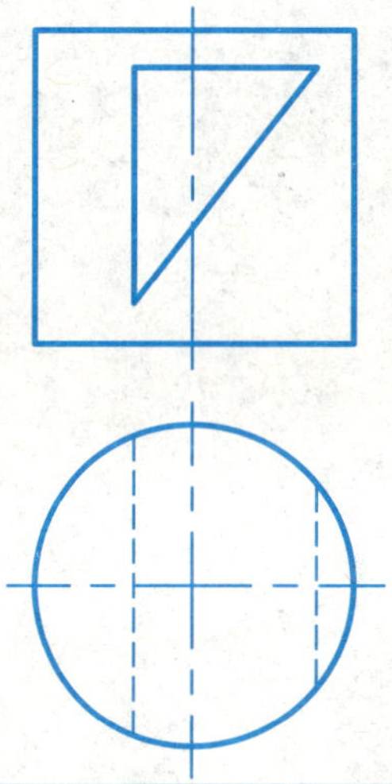

7.

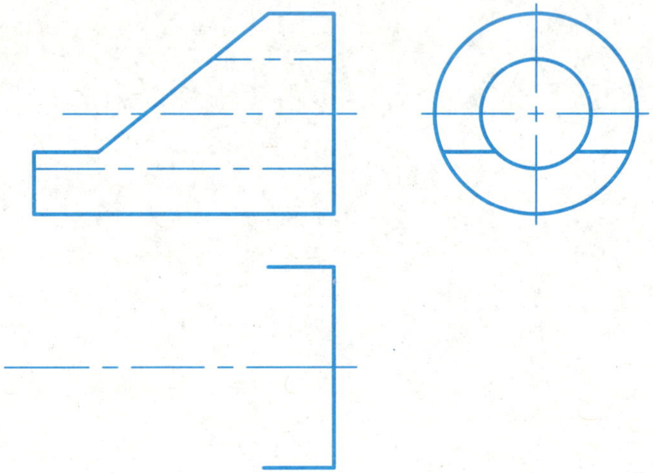

8.

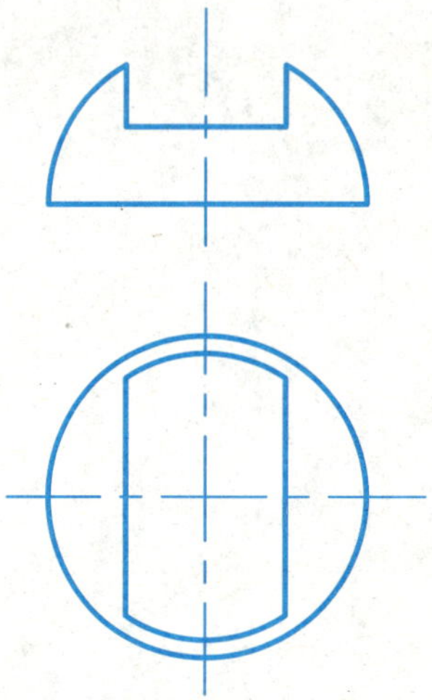

5-6 根据已知投影补画第三投影图。	班级	姓名	学号

9.

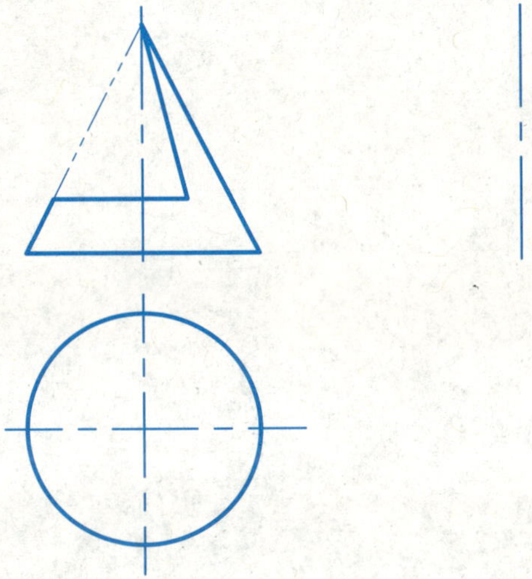

10.

11.

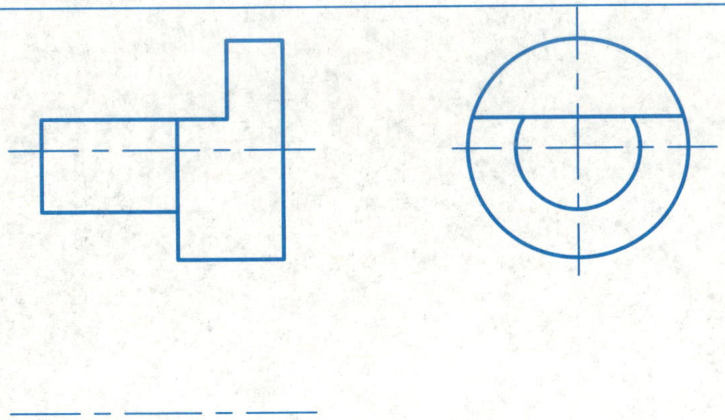

12.

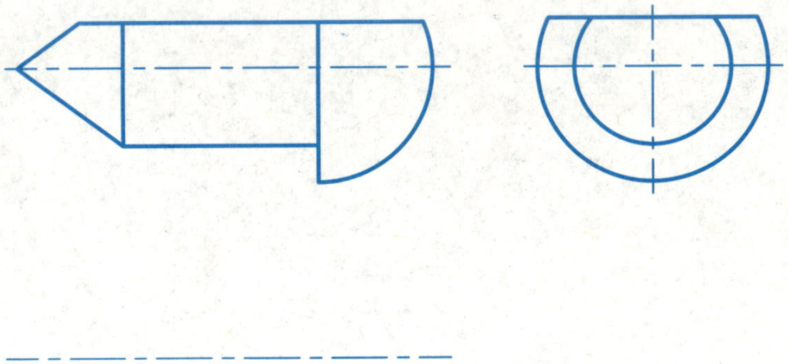

5-7 根据相贯线的已知投影补画第三投影图。	班级	姓名	学号

1.

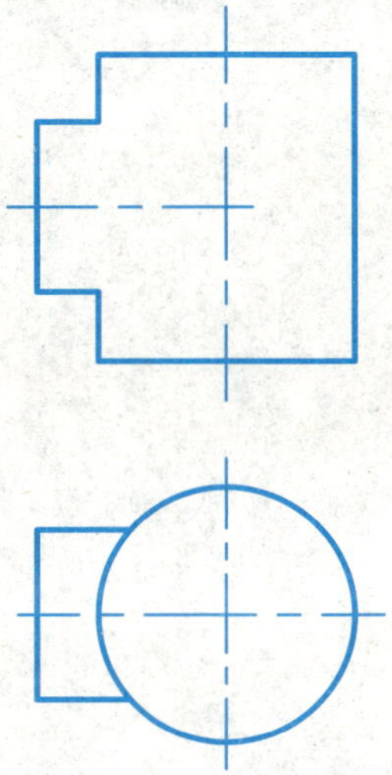

2.

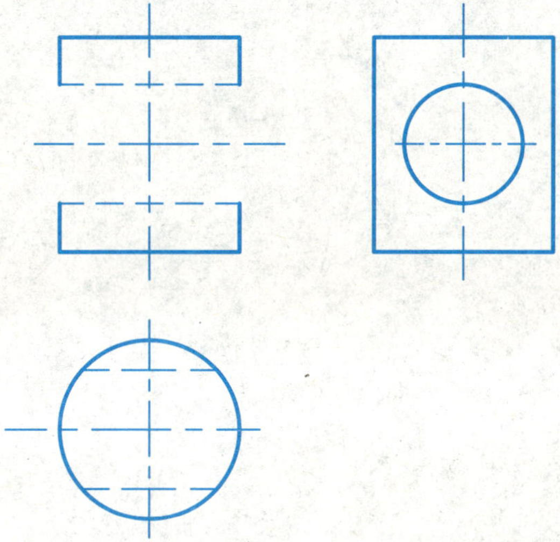

3.

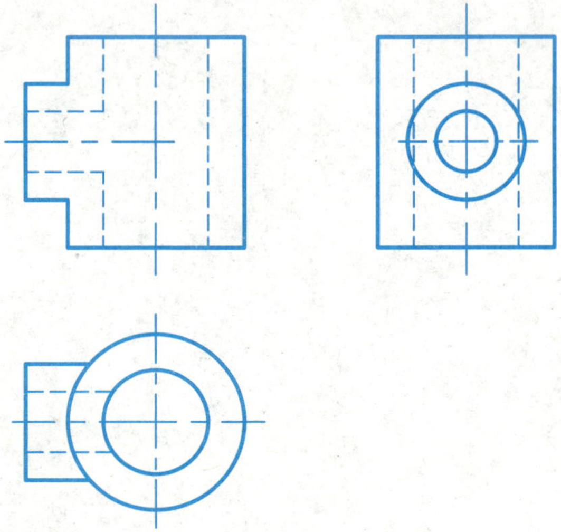

4.

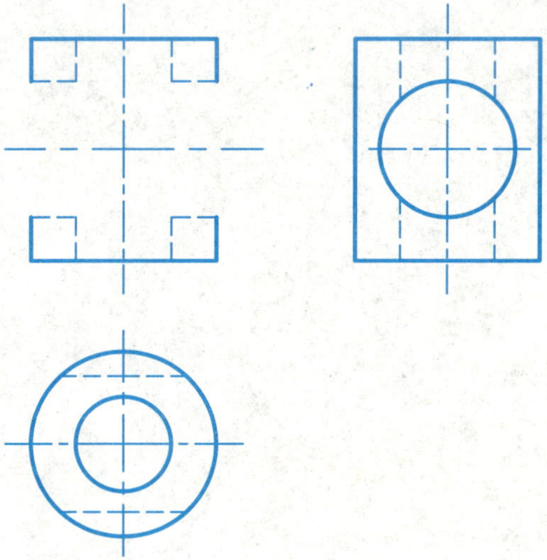

5-7 根据相贯线的已知投影补画第三投影图。	班级	姓名	学号

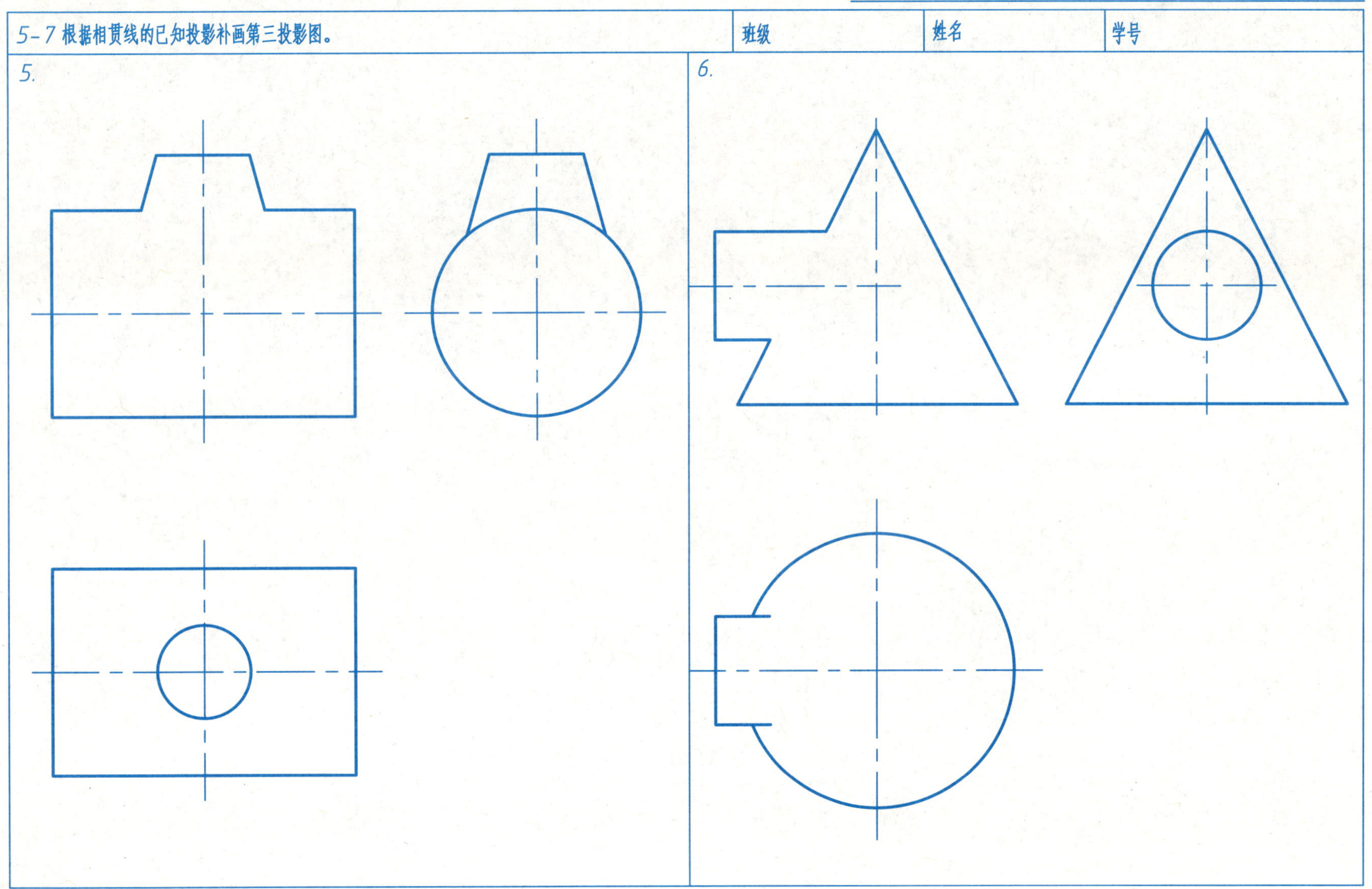

5-7 根据相贯线的已知投影补画第三投影图。	班级	姓名	学号

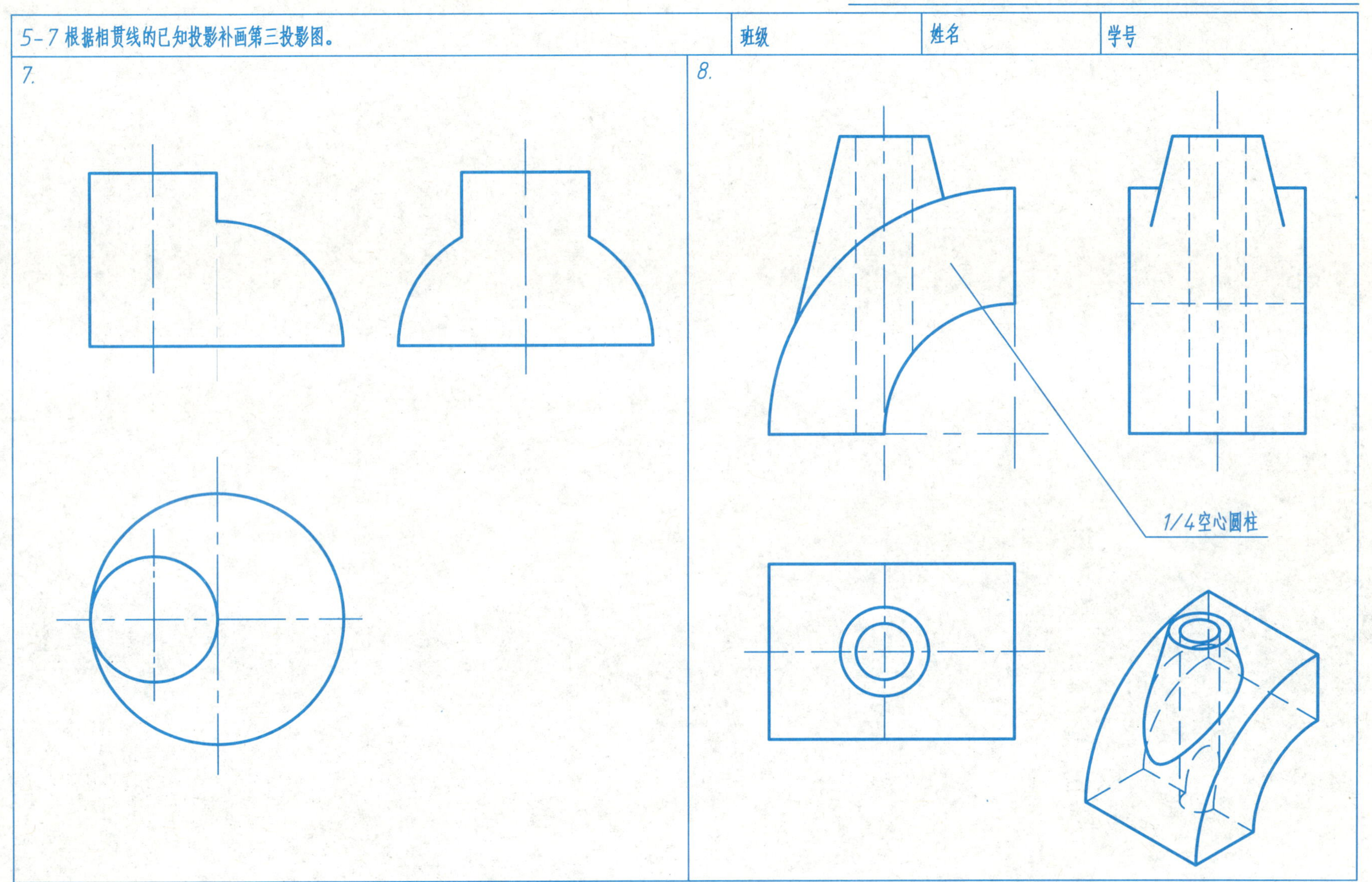

5-8 分析相贯线的特殊情况，补全相贯线的投影图。	班级	姓名	学号

1.

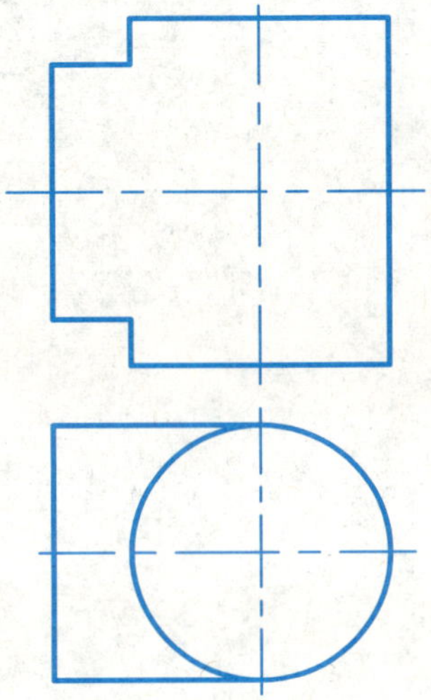

2.

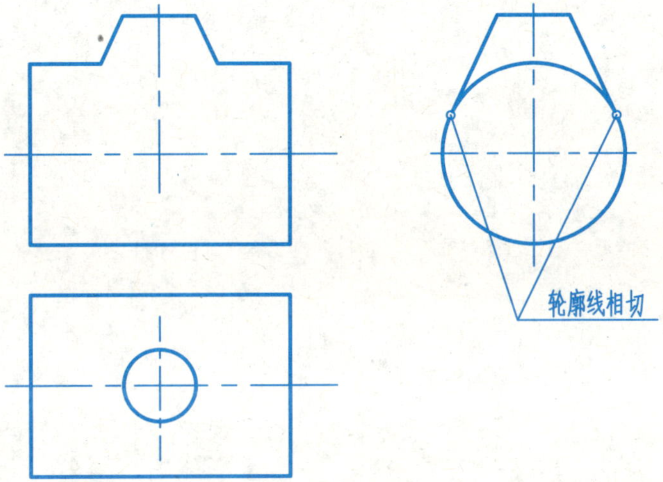

轮廓线相切

3.

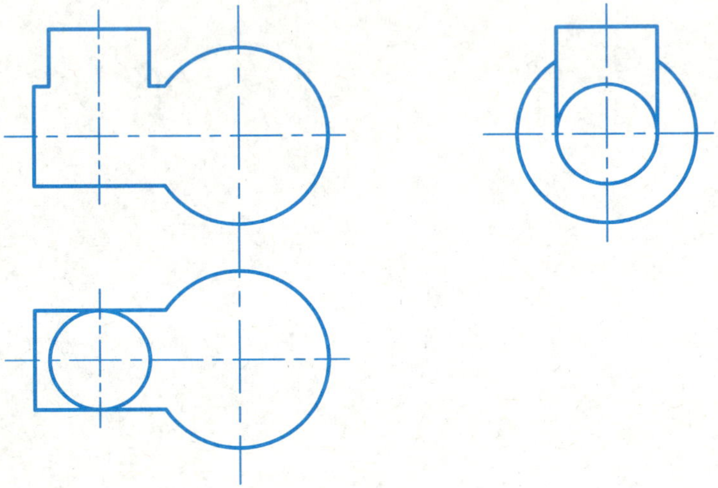

4.

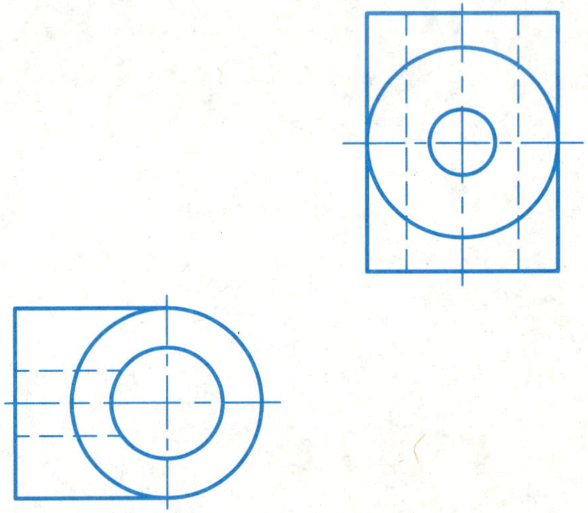

5-9 根据轴测图补全三面投影图。 | 班级 | 姓名 | 学号

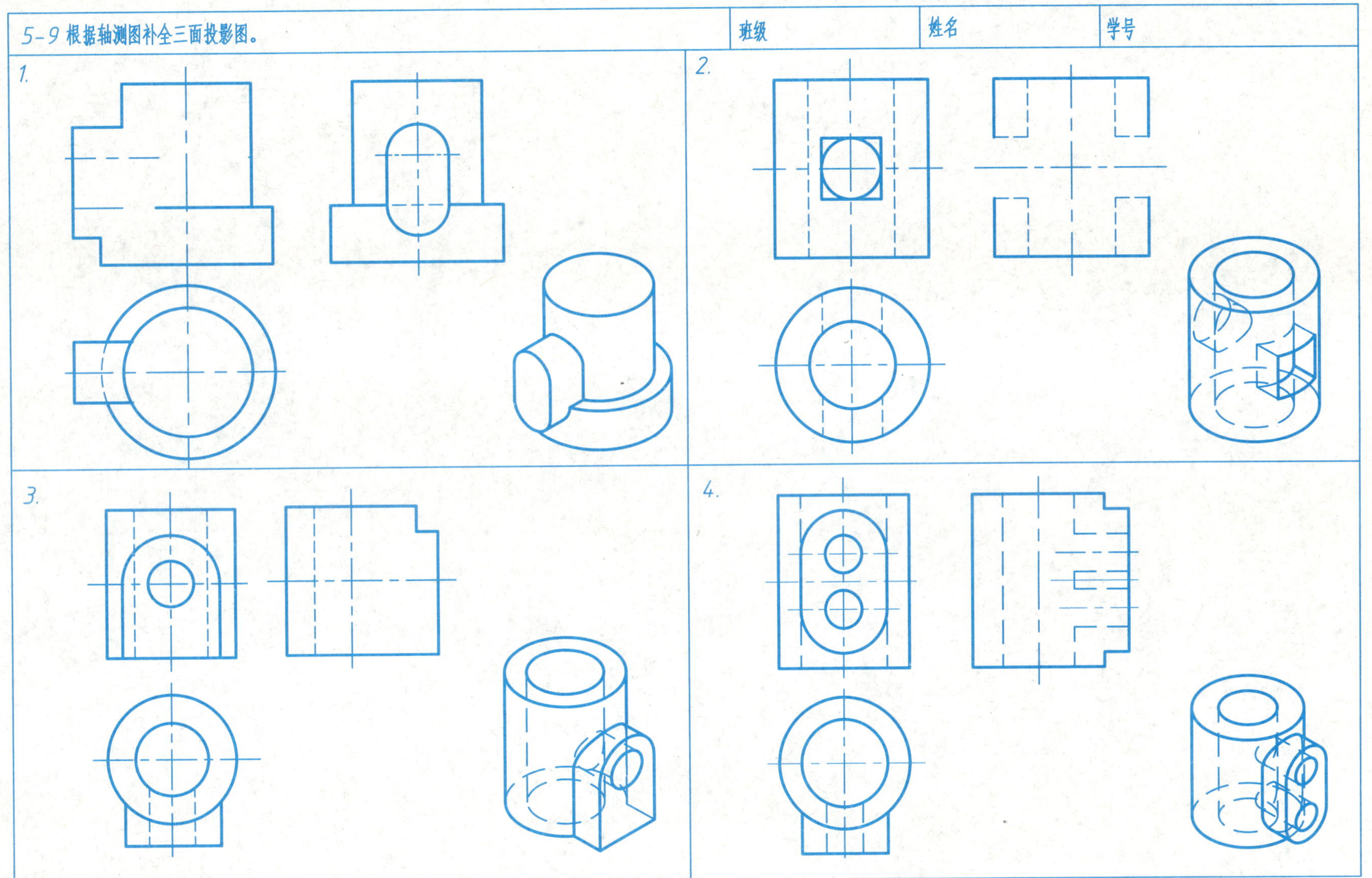

5-10 根据已知投影，选择正确的第三投影图。　班级　姓名　学号

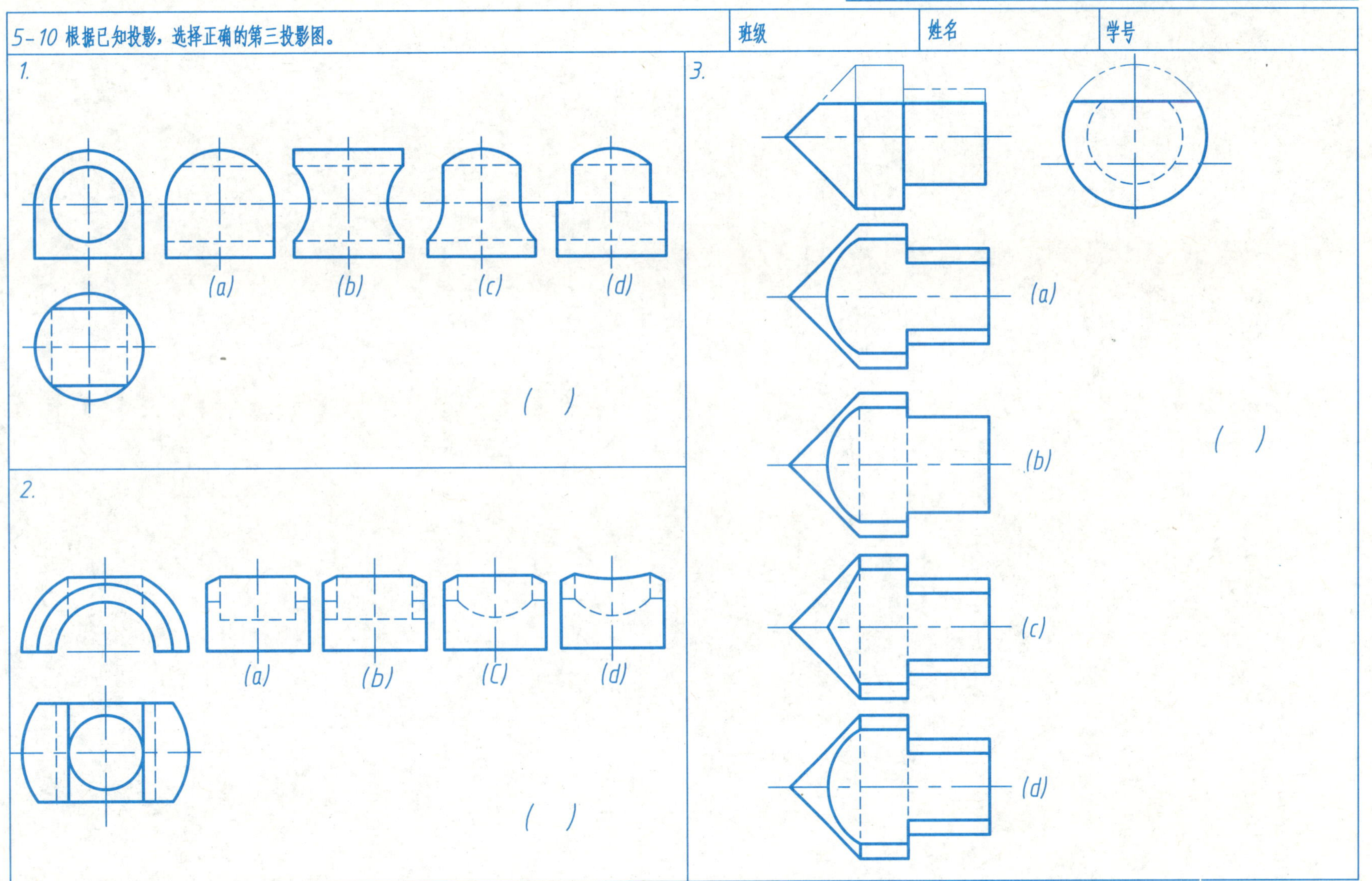

5-10 根据两已知投影，选择正确的第三投影图。

班级	姓名	学号

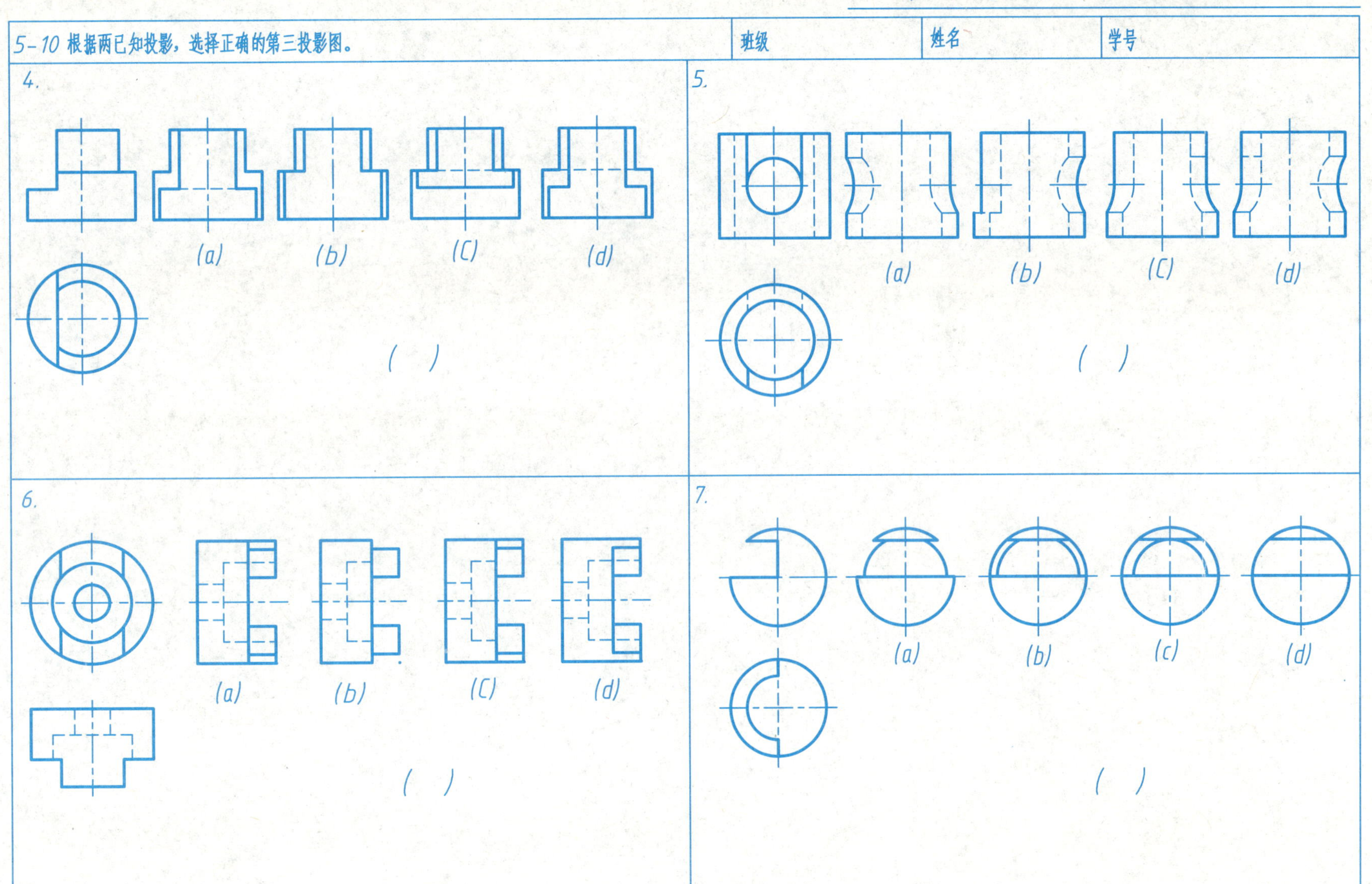

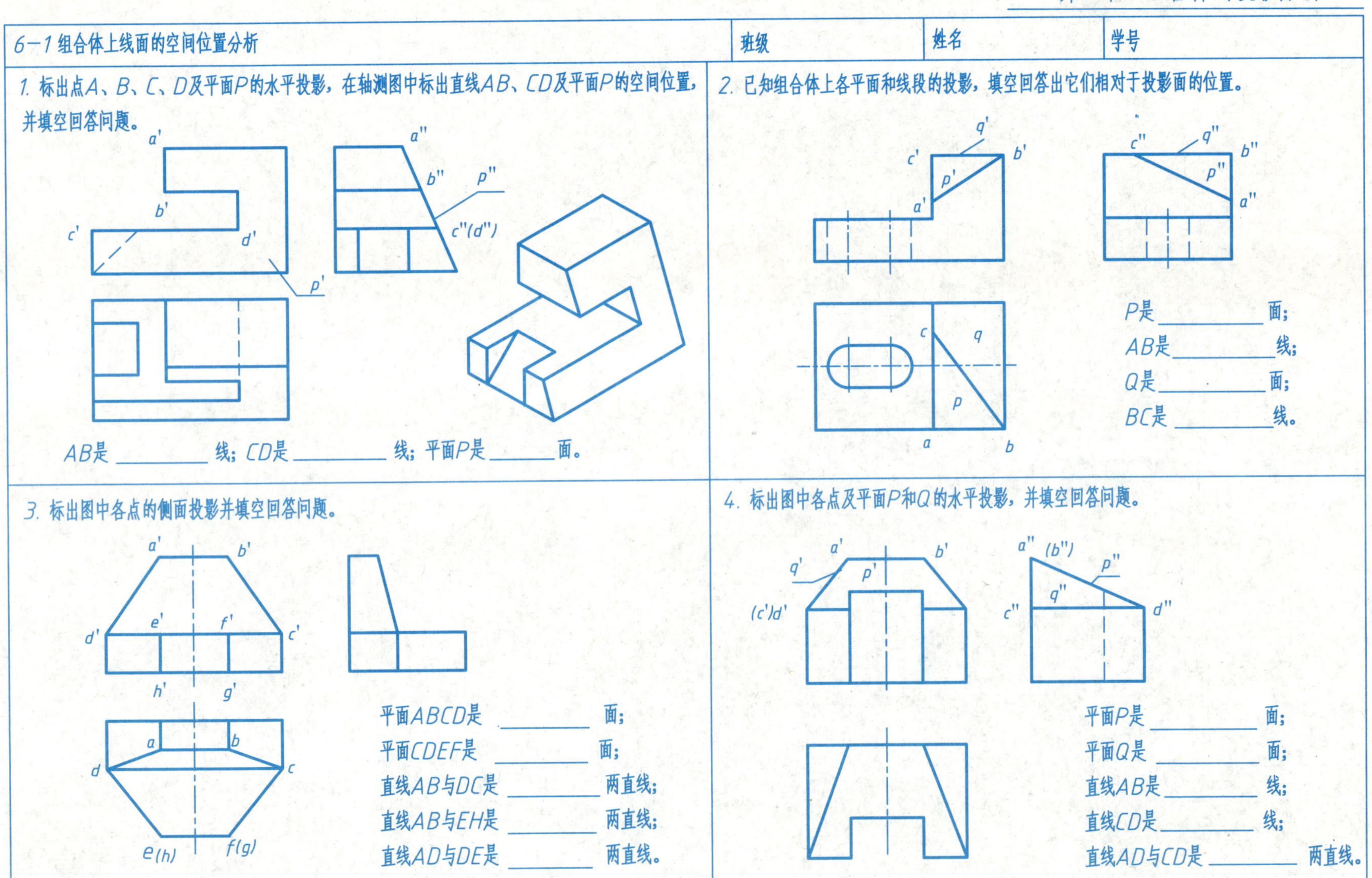

6-1 组合体上线面的空间位置分析　　班级　　姓名　　学号

1. 标出点A、B、C、D及平面P的水平投影，在轴测图中标出直线AB、CD及平面P的空间位置，并填空回答问题。

AB是________线；CD是________线；平面P是______面。

2. 已知组合体上各平面和线段的投影，填空回答出它们相对于投影面的位置。

P是________面；
AB是________线；
Q是________面；
BC是________线。

3. 标出图中各点的侧面投影并填空回答问题。

平面ABCD是________面；
平面CDEF是________面；
直线AB与DC是________两直线；
直线AB与EH是________两直线；
直线AD与DE是________两直线。

4. 标出图中各点及平面P和Q的水平投影，并填空回答问题。

平面P是________面；
平面Q是________面；
直线AB是________线；
直线CD是________线；
直线AD与CD是________两直线。

6-2 按题目要求补画投影或遗漏的图线。	班级	姓名	学号

1. 根据轴测图和2个已知投影补画侧面投影图。

2. 根据轴测图和正面投影补画水平投影和侧面投影图。

3. 根据轴测图补画三面投影中缺漏的图线。

4. 根据轴测图补画三面投影中缺漏的图线。

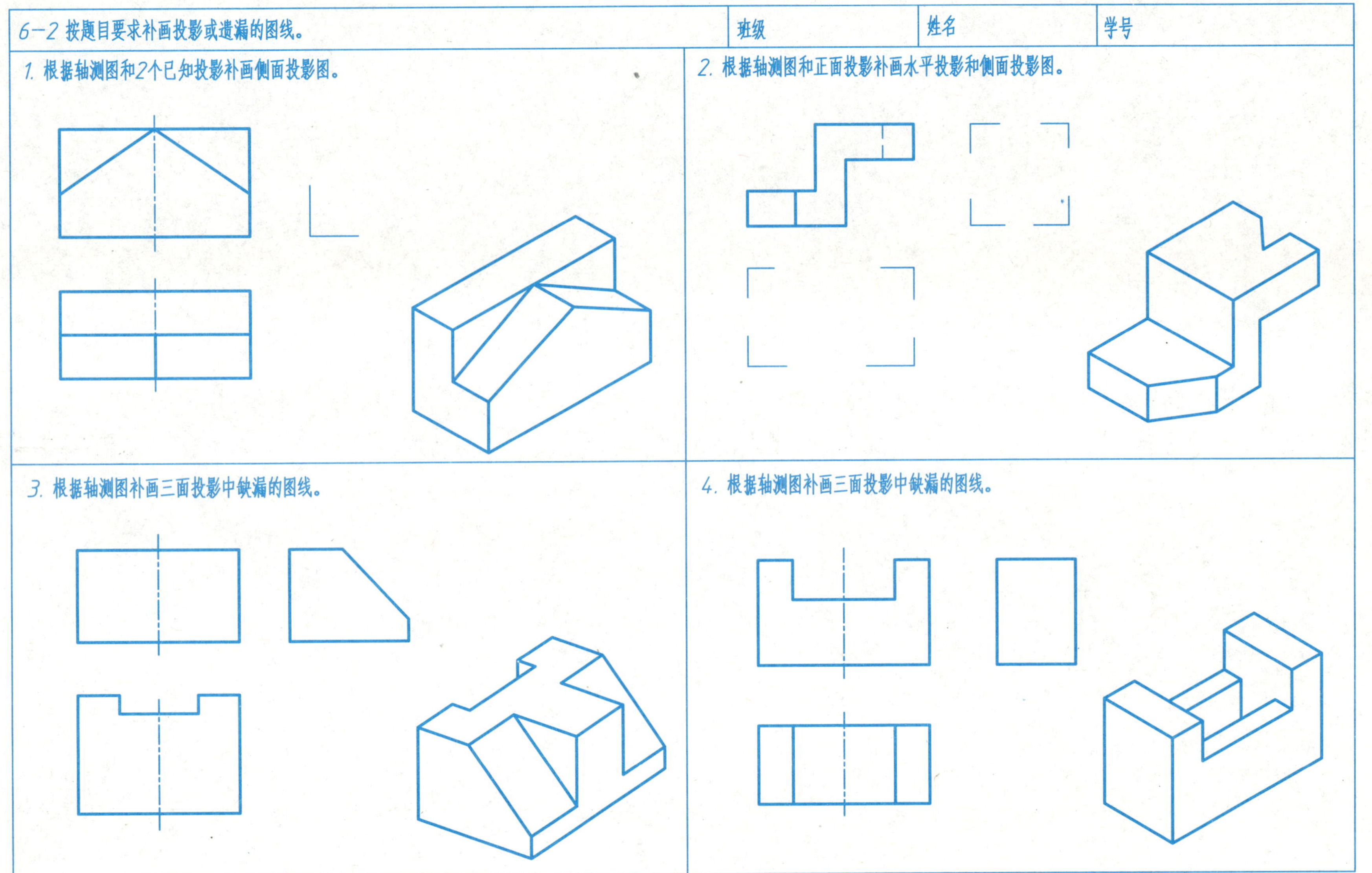

6-3 根据给定的轴测图，在A3图幅上按1:1绘制立体的三面投影图。

班级	姓名	学号

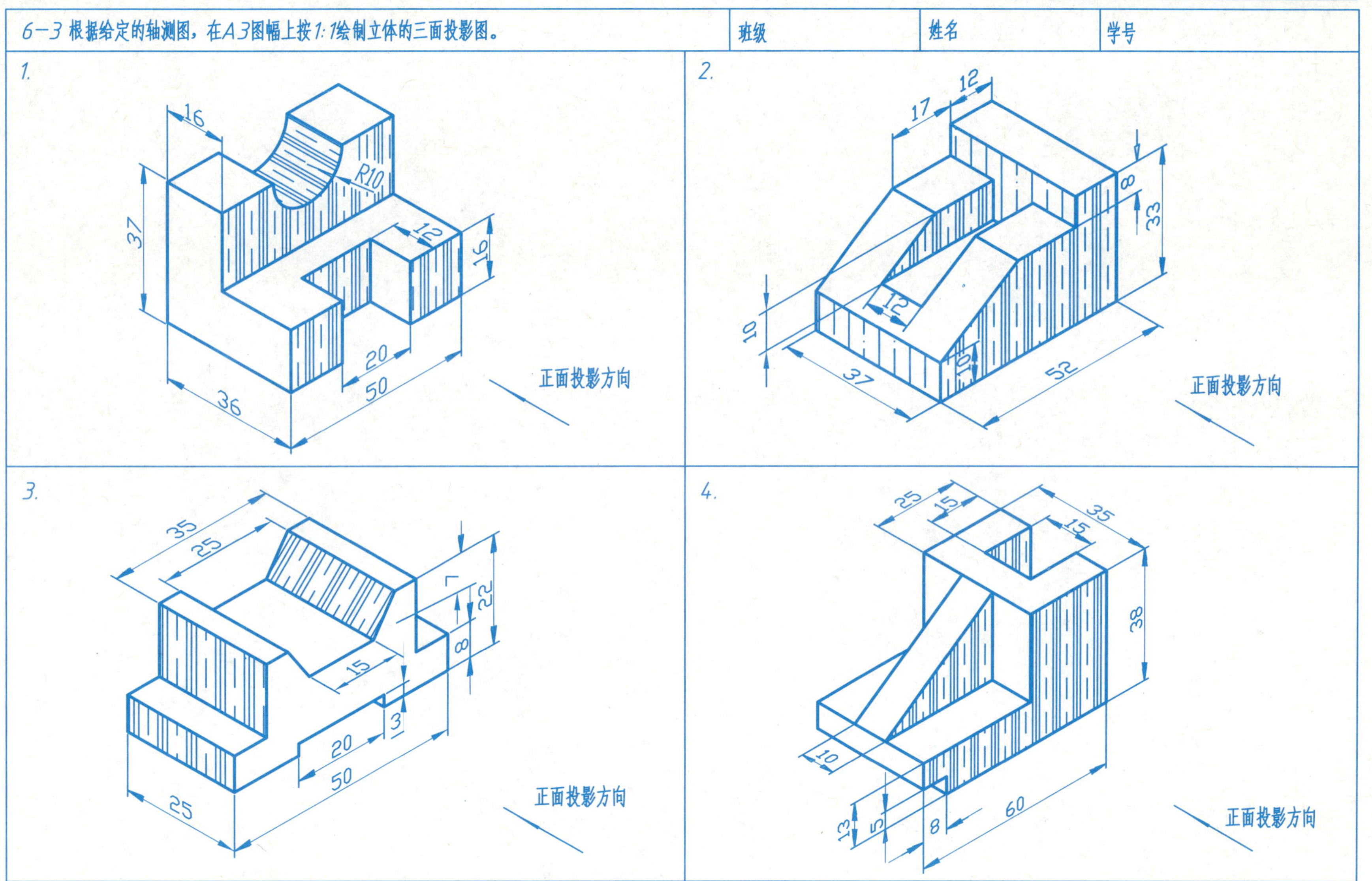

6-3 根据给定的轴测图，在A3图幅上按1:1绘制立体的三面投影图。	班级	姓名	学号

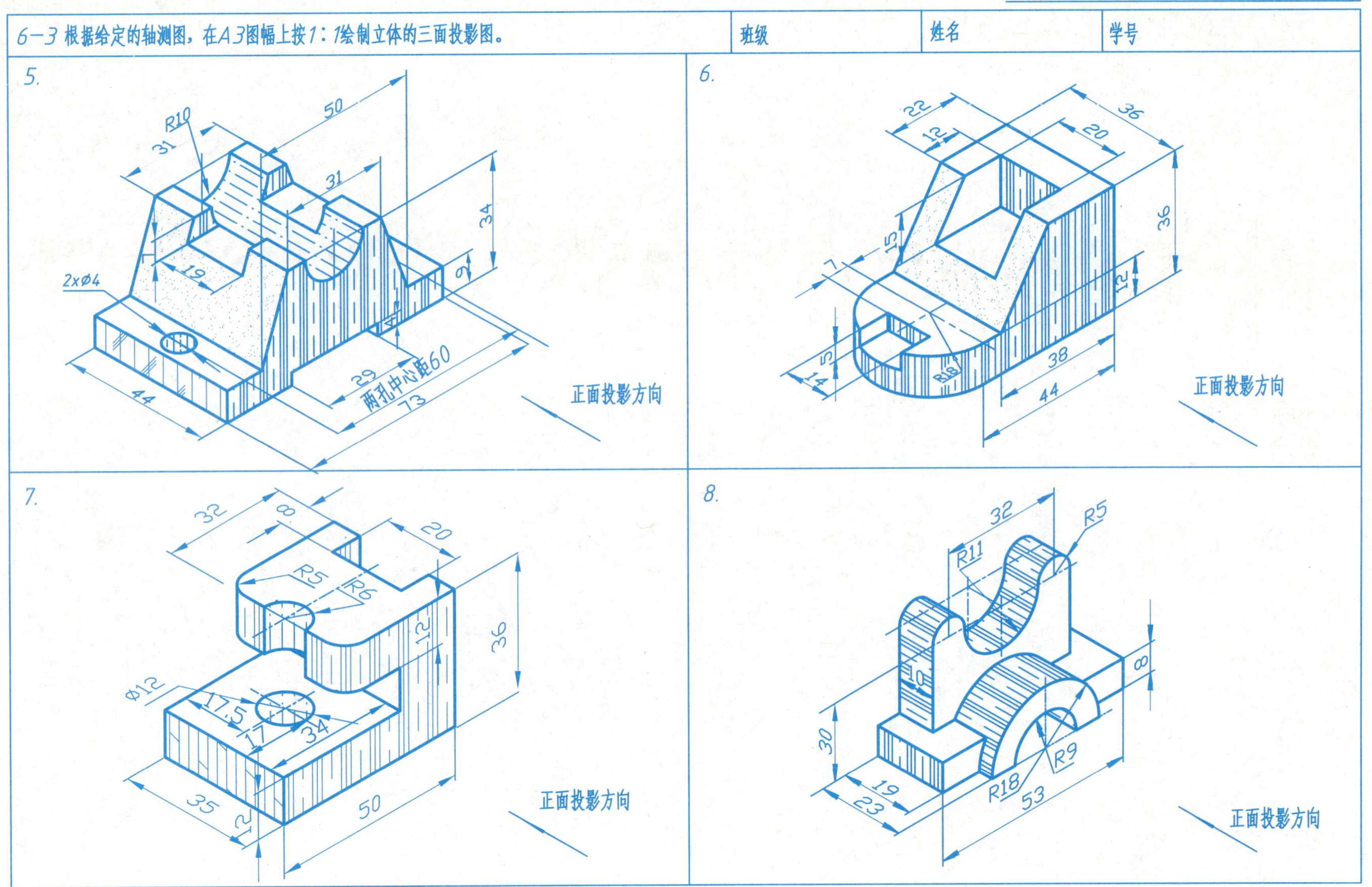

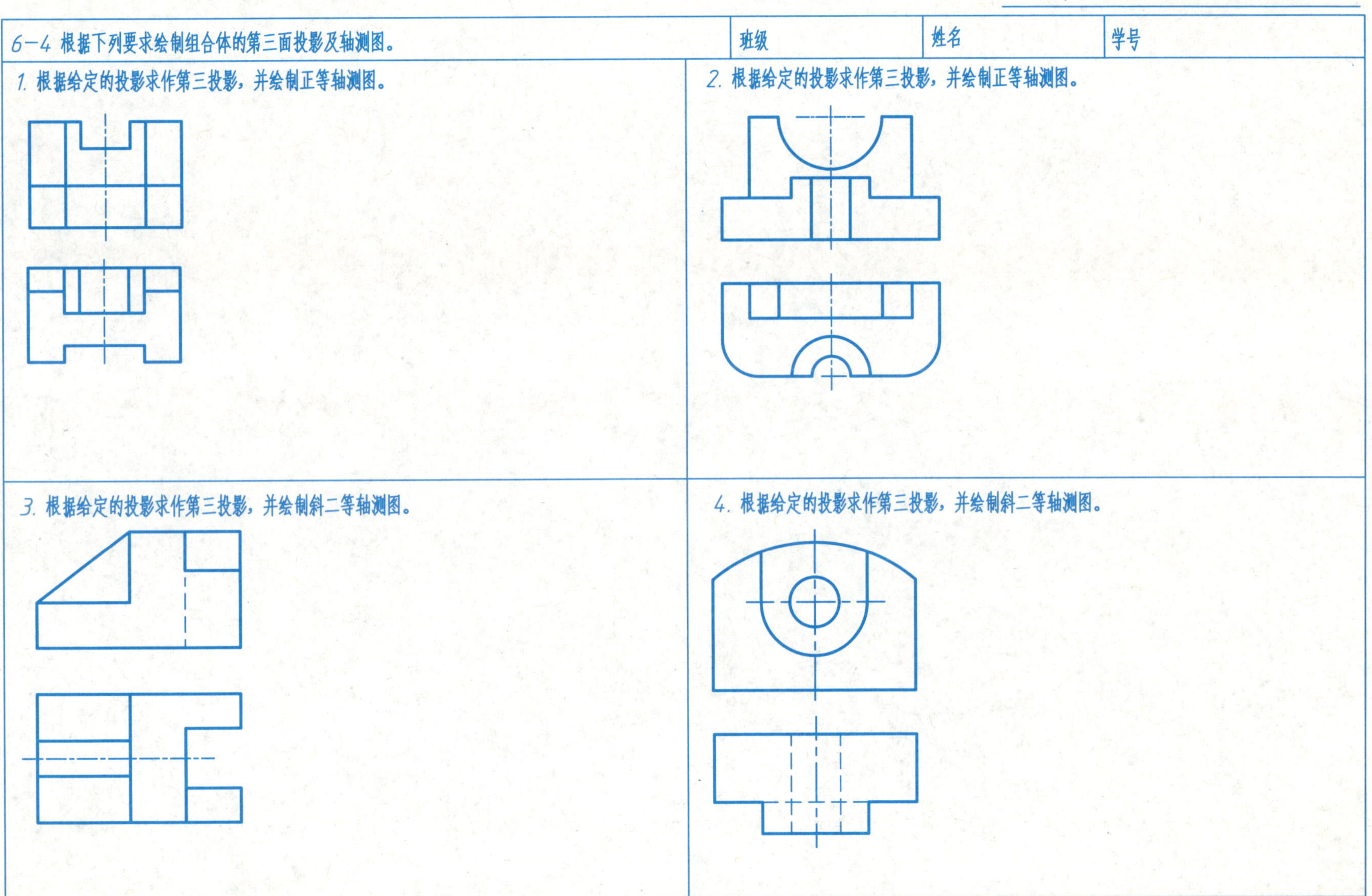
6-4 根据下列要求绘制组合体的第三面投影及轴测图。
班级
姓名
学号
1. 根据给定的投影求作第三投影，并绘制正等轴测图。
2. 根据给定的投影求作第三投影，并绘制正等轴测图。
3. 根据给定的投影求作第三投影，并绘制斜二等轴测图。
4. 根据给定的投影求作第三投影，并绘制斜二等轴测图。

6-5 按1∶1标注下列组合体的尺寸，尺寸数字从图中量取，并适当圆整。	班级	姓名	学号

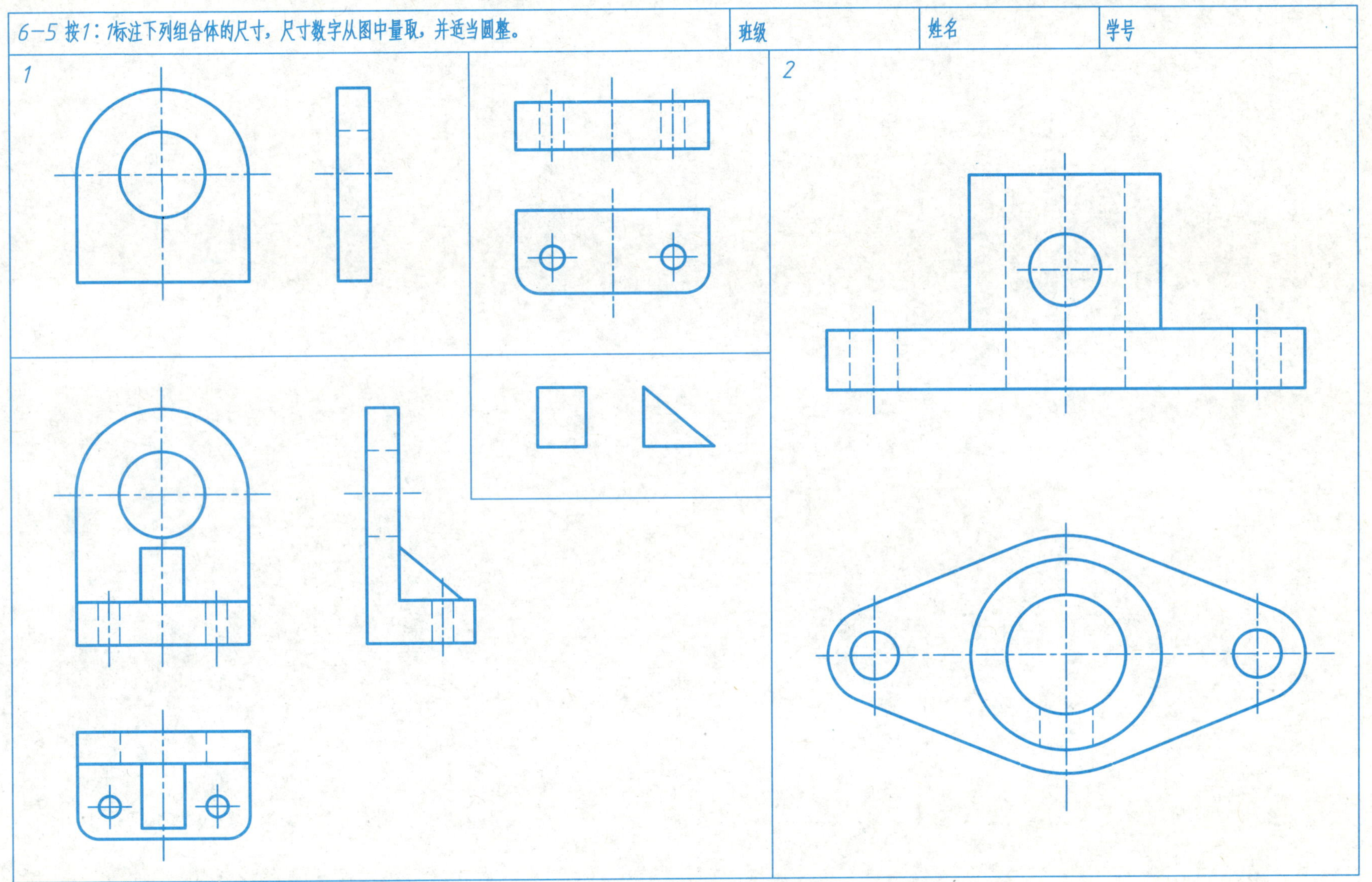

6—5 按1∶1标注下列组合体的尺寸，尺寸数字从图中量取，并适当圆整。	班级	姓名	学号

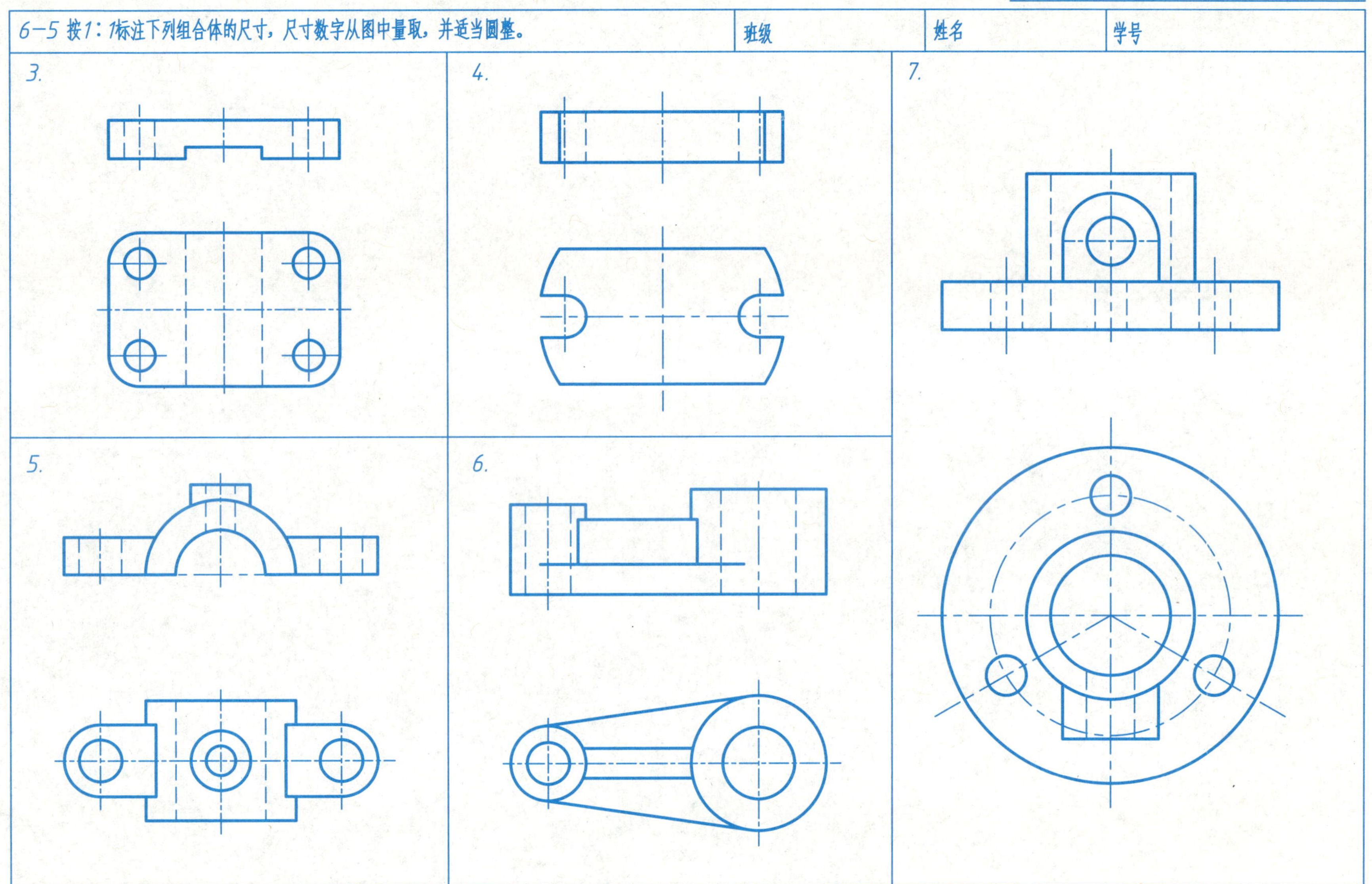

6-6 根据给定的投影，选择正确的第三投影。　班级　姓名　学号

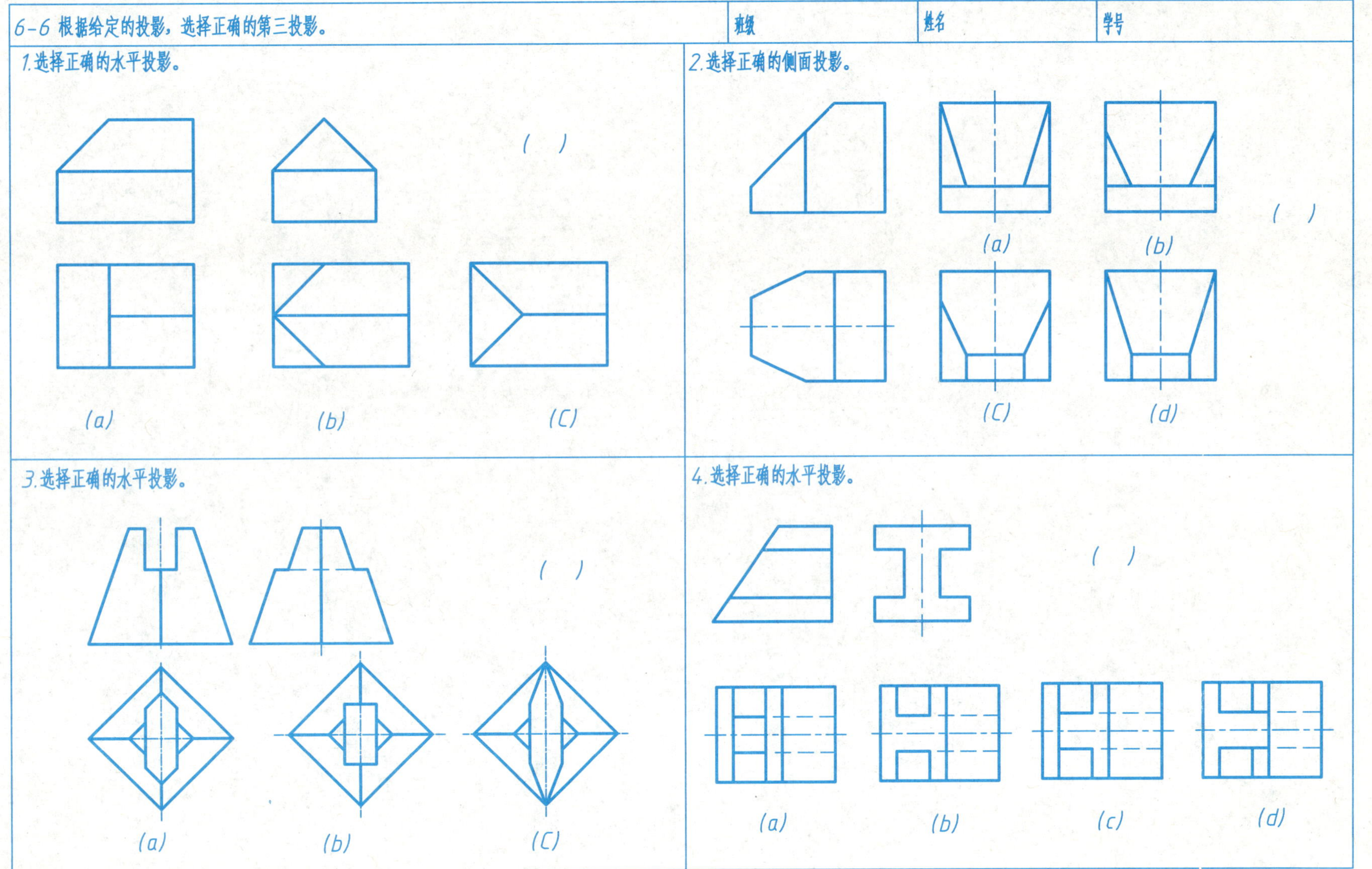

6-6 根据给定投影，选择正确的第三投影。	班级	姓名	学号

5.选择正确的水平投影。

6.选择正确的水平投影。

7.选择正确的水平投影。

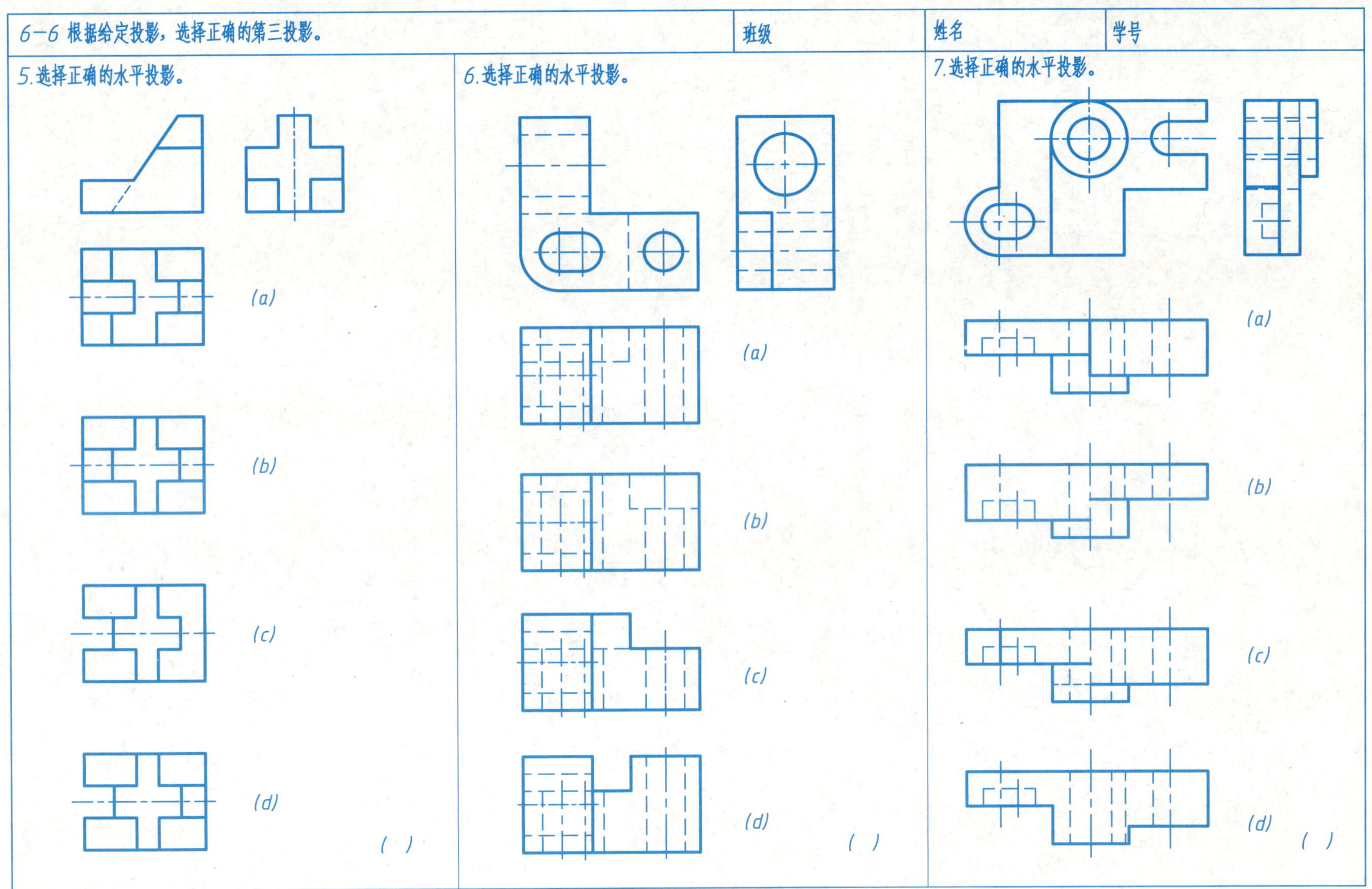

6-7 根据已知两个投影，补画第三投影图。	班级	姓名	学号

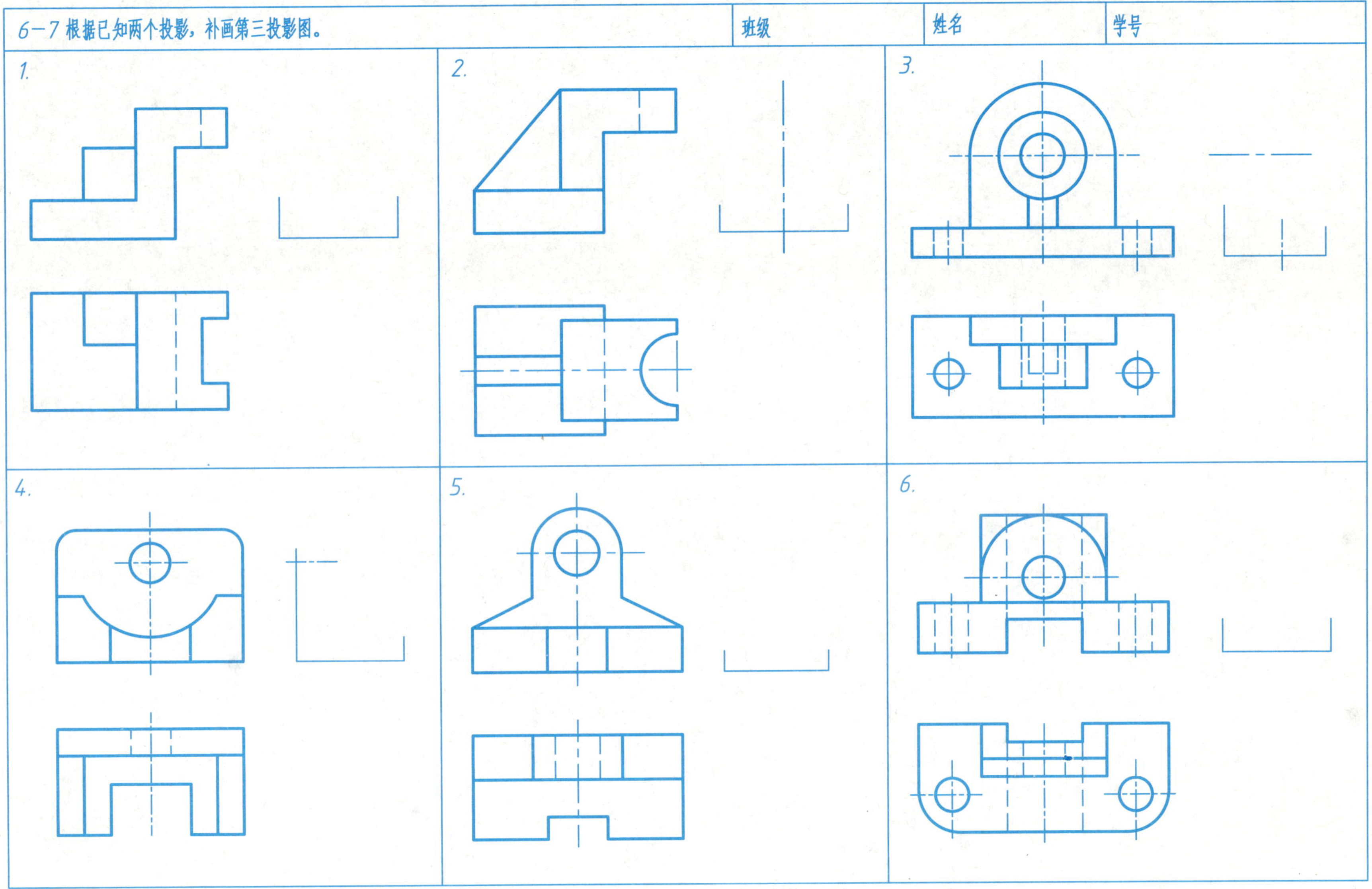

6-7 根据已知两个投影，补画第三投影图。	班级	姓名	学号

7

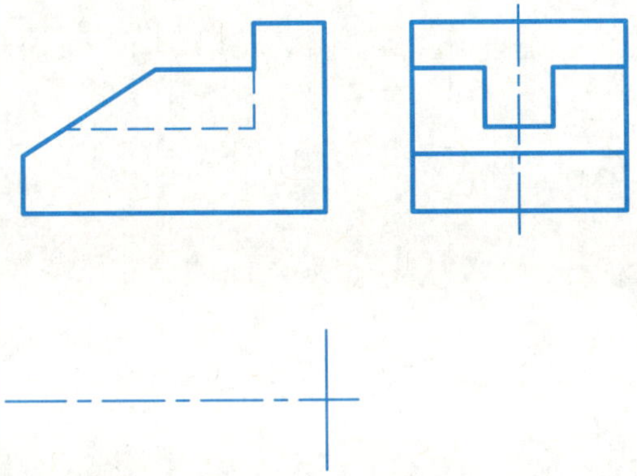

8

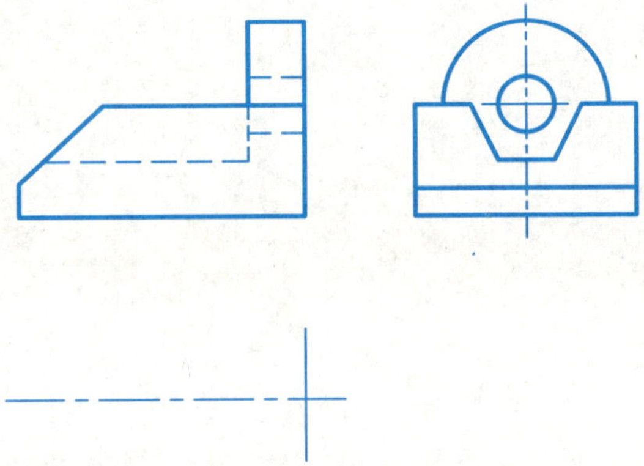

9

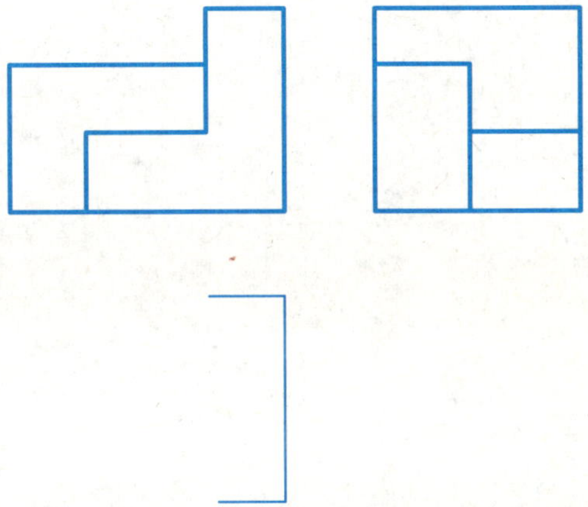

10

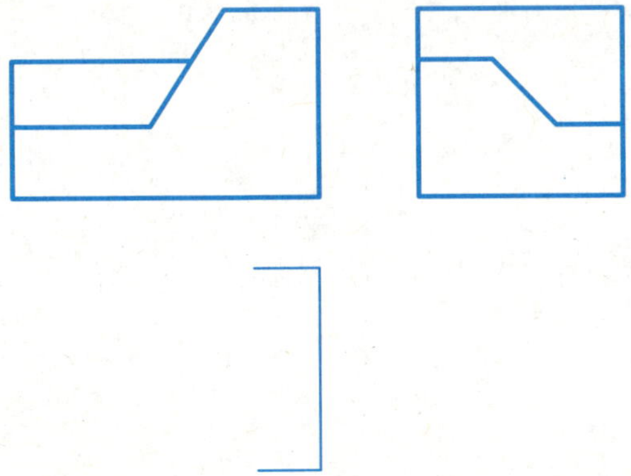

11

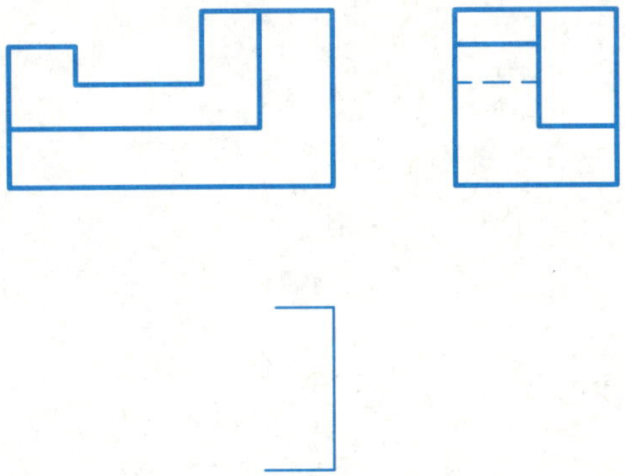

12

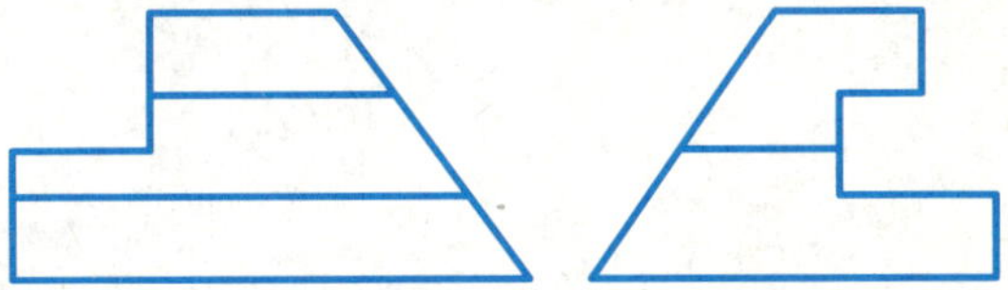

6-8 根据所给投影，补画侧面投影中遗漏的图线。	班级	姓名	学号

1.

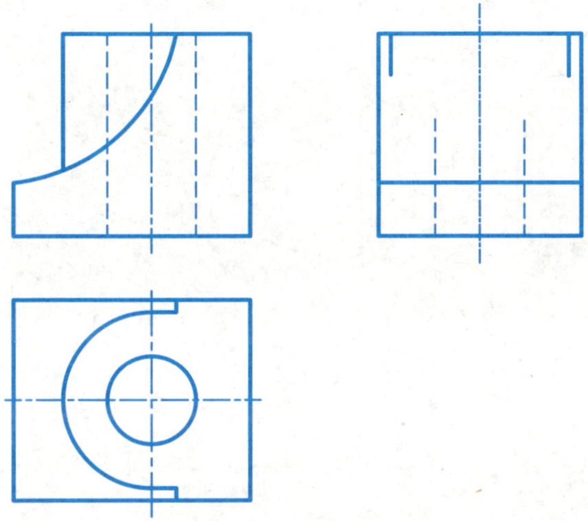

2.

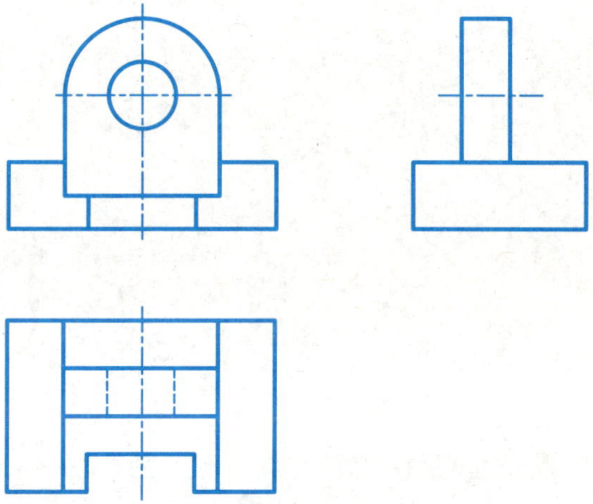

3.

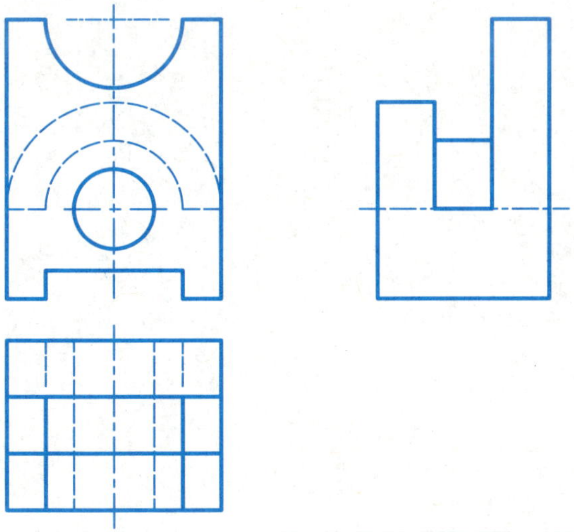

4.

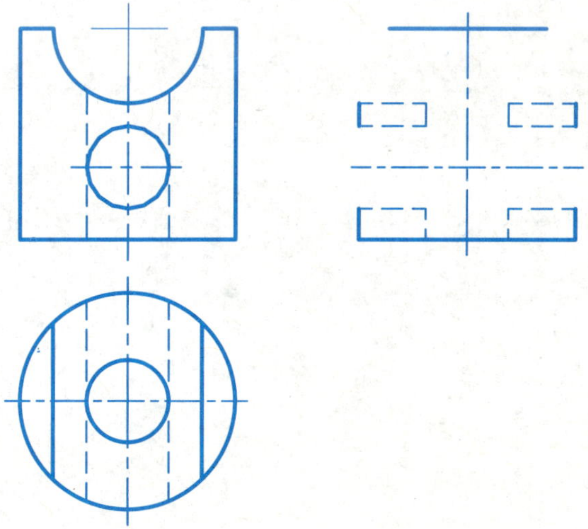

6-9 组合体表达与阅读—实践训练	班级	姓名	学号

组合体表达与阅读的作业要求和指导

1. 作图目的及要求

目的：（1）进一步熟悉国家标准《机械制图》、《技术制图》中的图纸幅面及格式、比例、字体、图线及尺寸标注规定等。

（2）进一步掌握绘图仪器及工具的正确使用方法，培养绘图技能。

（3）掌握三视图的布局和绘制，组合体的尺寸标注和正等轴测图的绘制。

要求：（1）作图正确，线型粗细分明，字体端正。

（2）尺寸标注有明确的基准，正确、完整、清晰和集中。

（3）严格按轴测图的作图步骤绘制轴测图，看不见的线不画。

（4）布局合理、图面整洁。

2. 作图内容

看懂下页中立体的投影，想象出立体的形状，并选择合适的比例将其三面投影（及轴测图）画在一张A3幅面的图纸上，尺寸从图中量取，并适当圆整。

3. 作图步骤及注意事项

（1）根据组合体的两面投影，分别想象组成组合体的各基本体的形状，分析它们的组合方式及表面连接关系，最后综合想象组合体的空间形状。

（2）根据立体的大小，选定合适的比例和图幅，在选择时注意留出各面投影之间的距离，以方便标注尺寸。

（3）通过绘制出三面投影的对称中心线、主要轮廓线来布局三面投影，不要在没有布局好的情况下，一个一个地画投影图。

（4）联系起来分步绘制各基本体的三面投影，分析表面之间的连接关系，完成整个组合体的三面投影图。

（5）绘制轴测图，根据组合体的形状选择合适的轴测图。

（6）按要求标注尺寸，在正确、完整、清晰的前提下，尺寸尽量标注在特征明显的投影上，尽量标注在非圆的投影上，以及集中标注等。

（7）按前面所作要求加粗、加深图线。

6-9 组合体表达与阅读—实践训练	班级	姓名	学号

在A3图幅上按1：1画出立体的三面投影图，标注尺寸（尺寸数值在所给投影上直接量取并圆整），绘制其正等轴测图。

1.

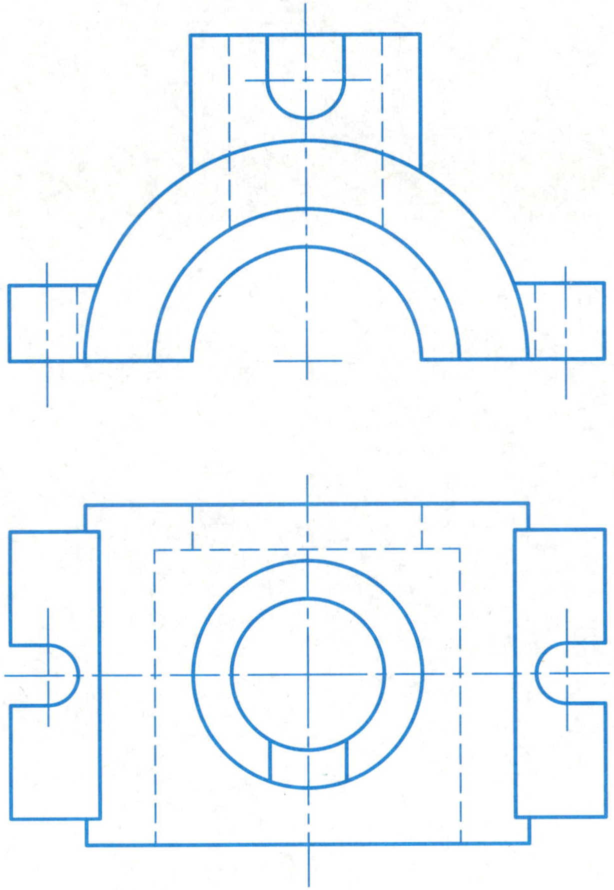

2.

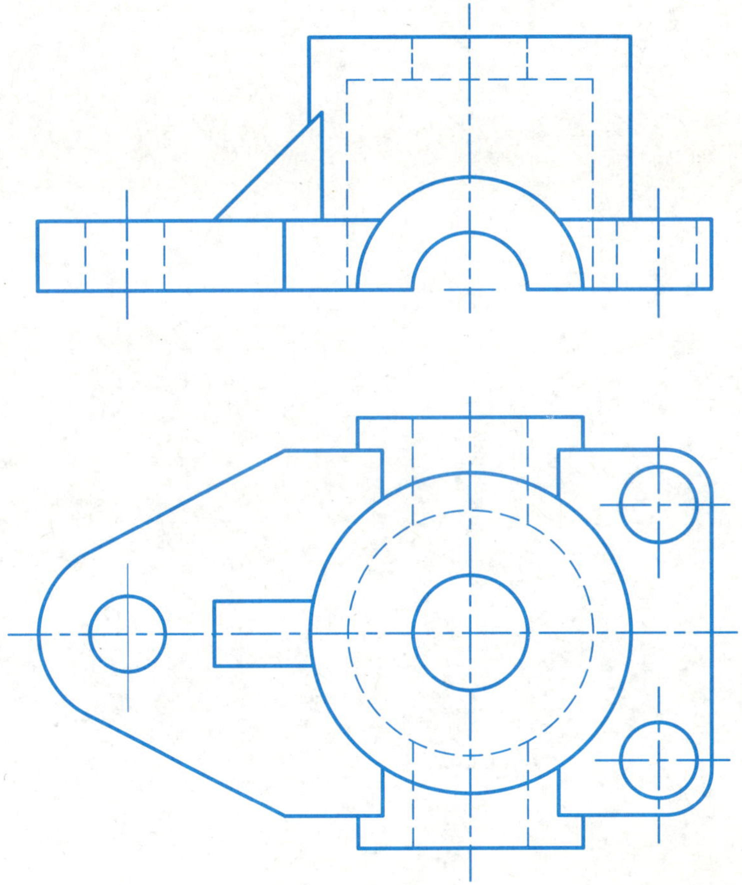

7-1 视图	班级	姓名	学号

1. 画全机件的六个基本视图

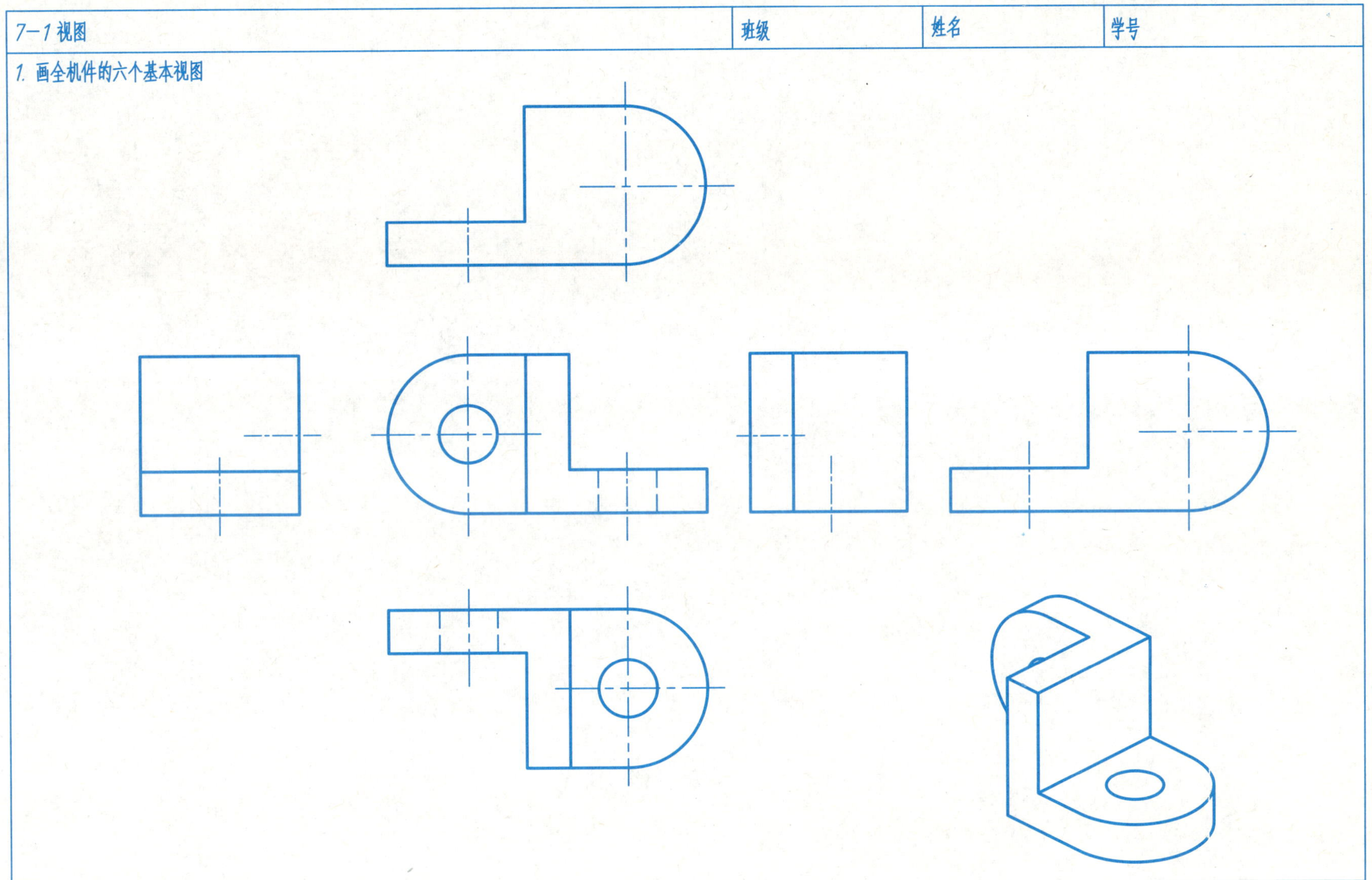

7-1 视图	班级	姓名	学号

2. 对照所给视图和轴测图，补画A向的斜视图。

3. 看懂下图并标注各视图。

4. 根据所给视图和轴测图，补画A向局部视图。

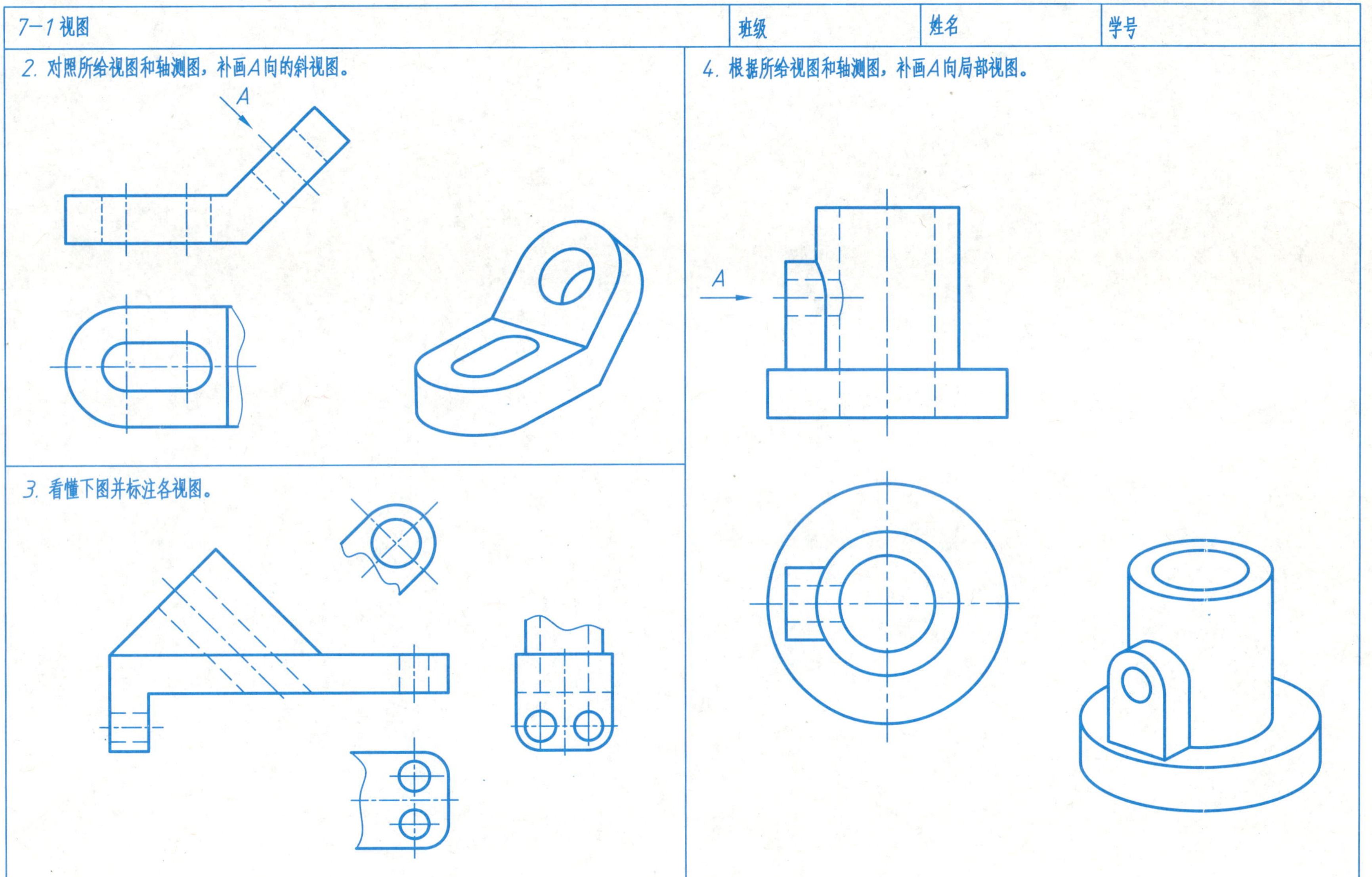

7-2 全剖视图——将下列各主视图改画成全剖视图。	班级	姓名	学号

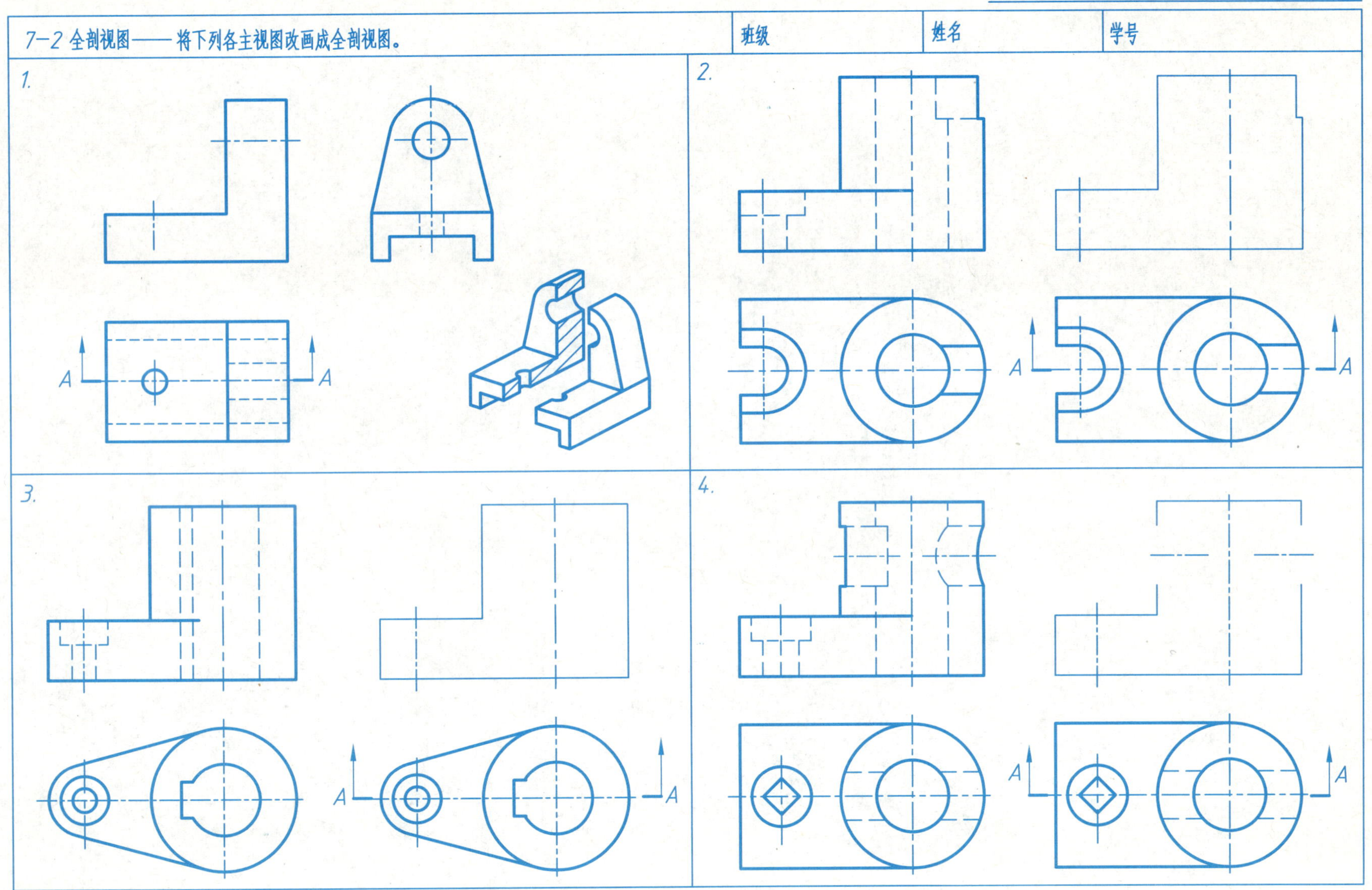

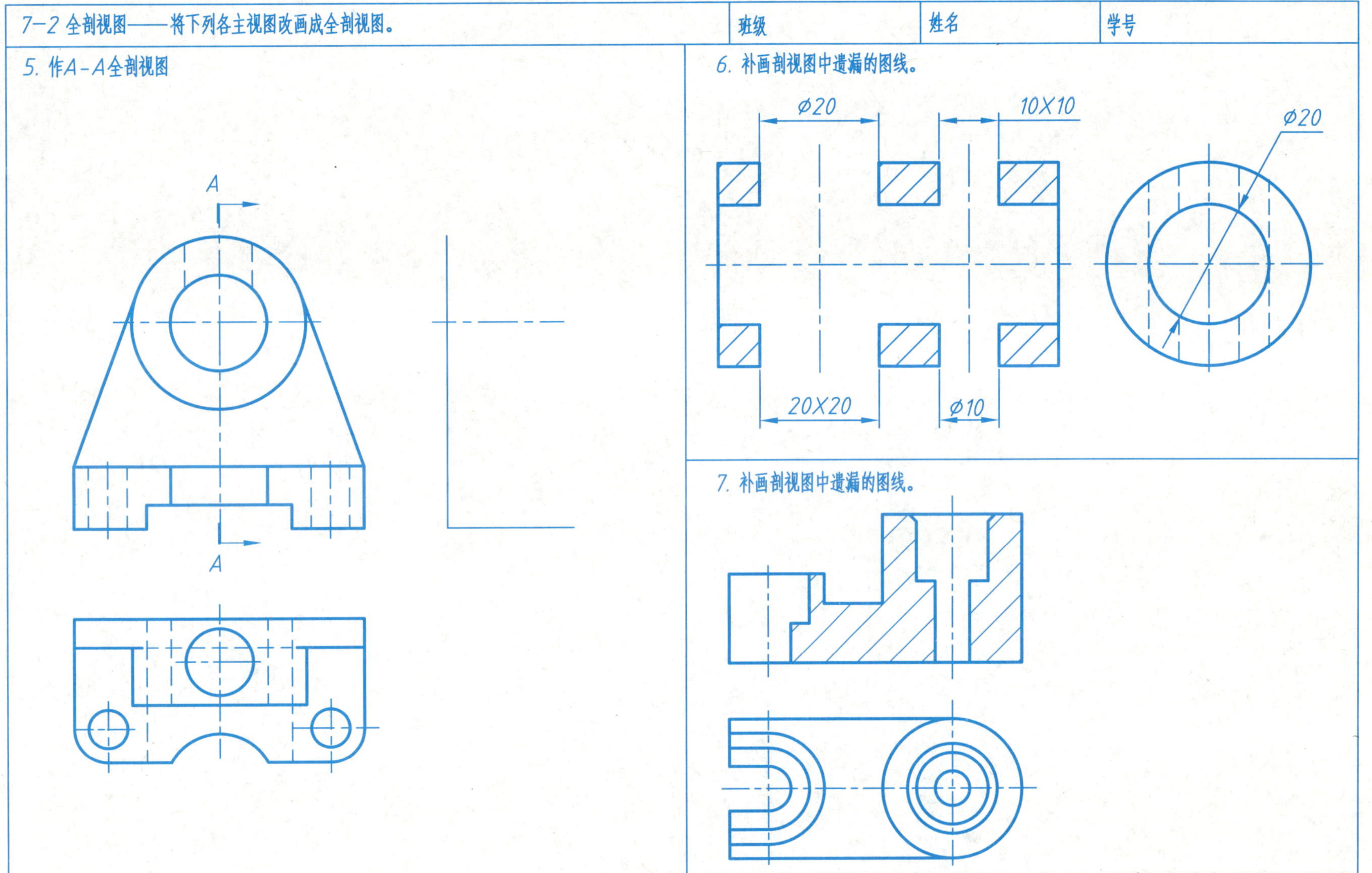
7-2 全剖视图——将下列各主视图改画成全剖视图。
班级
姓名
学号
5. 作A-A全剖视图
A
A
6. 补画剖视图中遗漏的图线。
⌀20
10X10
⌀20
20X20
⌀10
7. 补画剖视图中遗漏的图线。

7-3 半剖视图	班级	姓名	学号

1. 将主视图改画为半剖视图。

2. 将主视图改画为半剖视图。

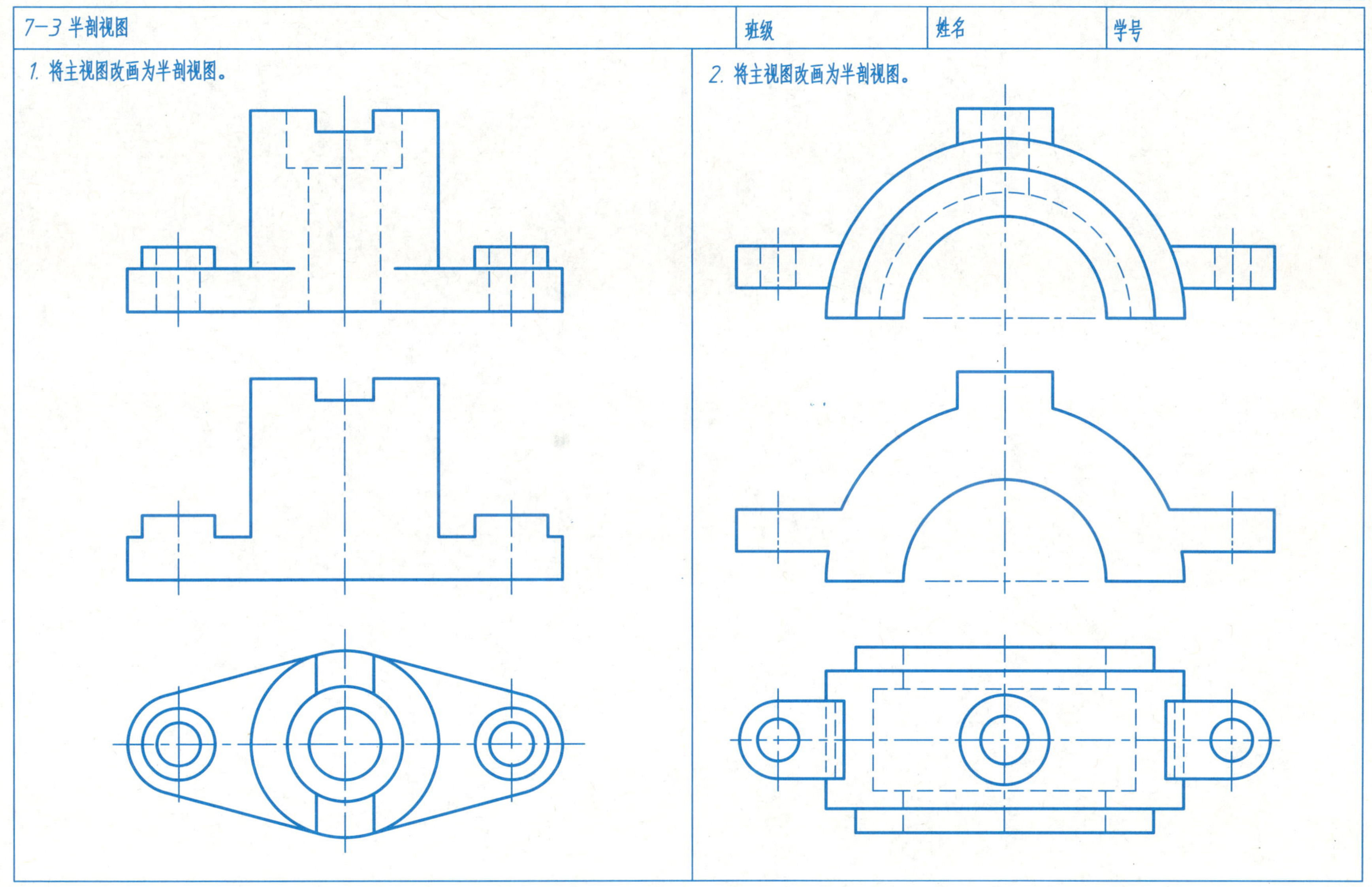

7-3 半剖视图	班级	姓名	学号

3. 补画半剖视图中遗漏的图线。

4. 补画半剖视图中遗漏的图线。

5. 在右边指定位置上，将主、俯视图分别改画为半剖视图，并进行标注。

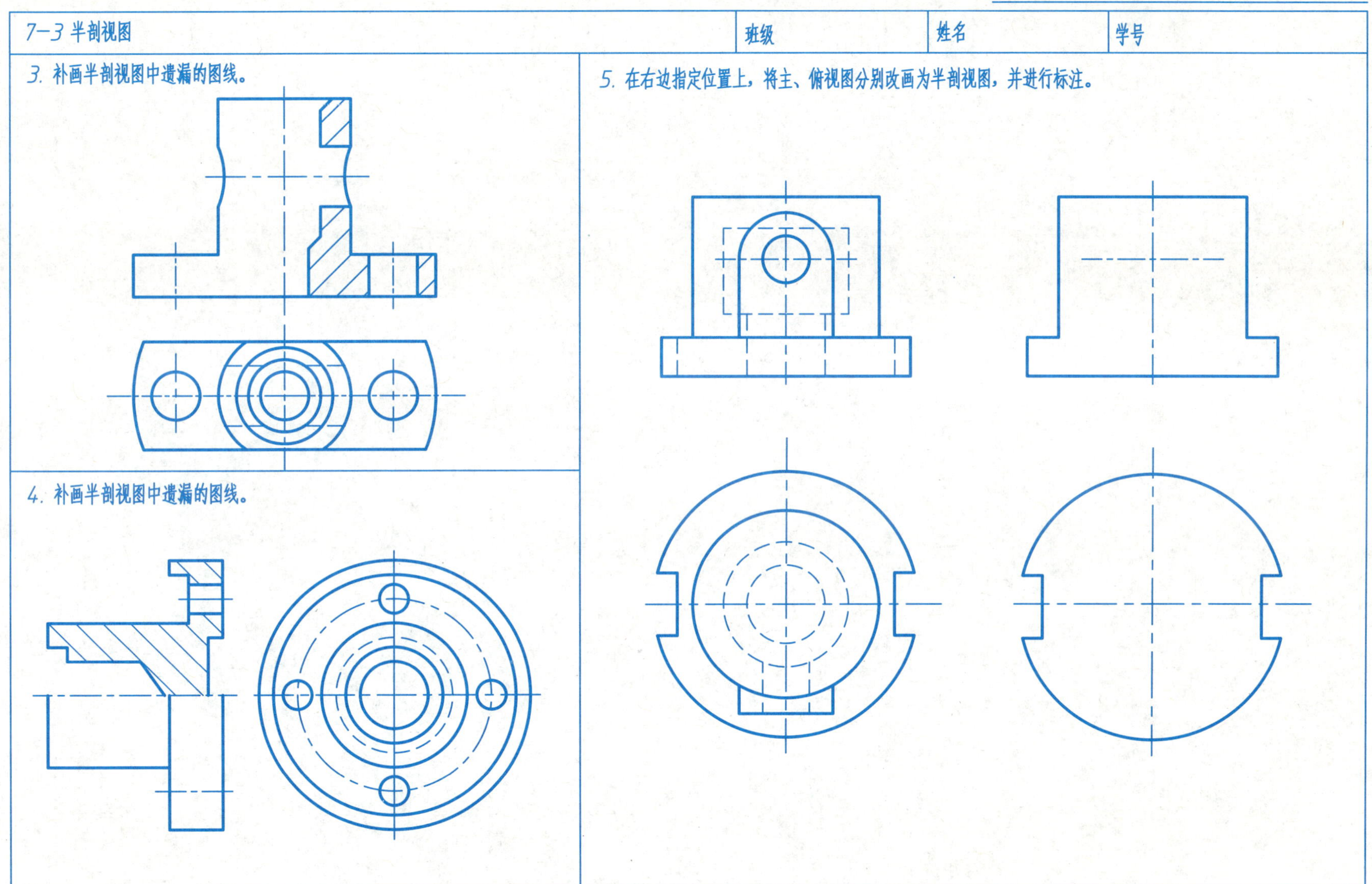

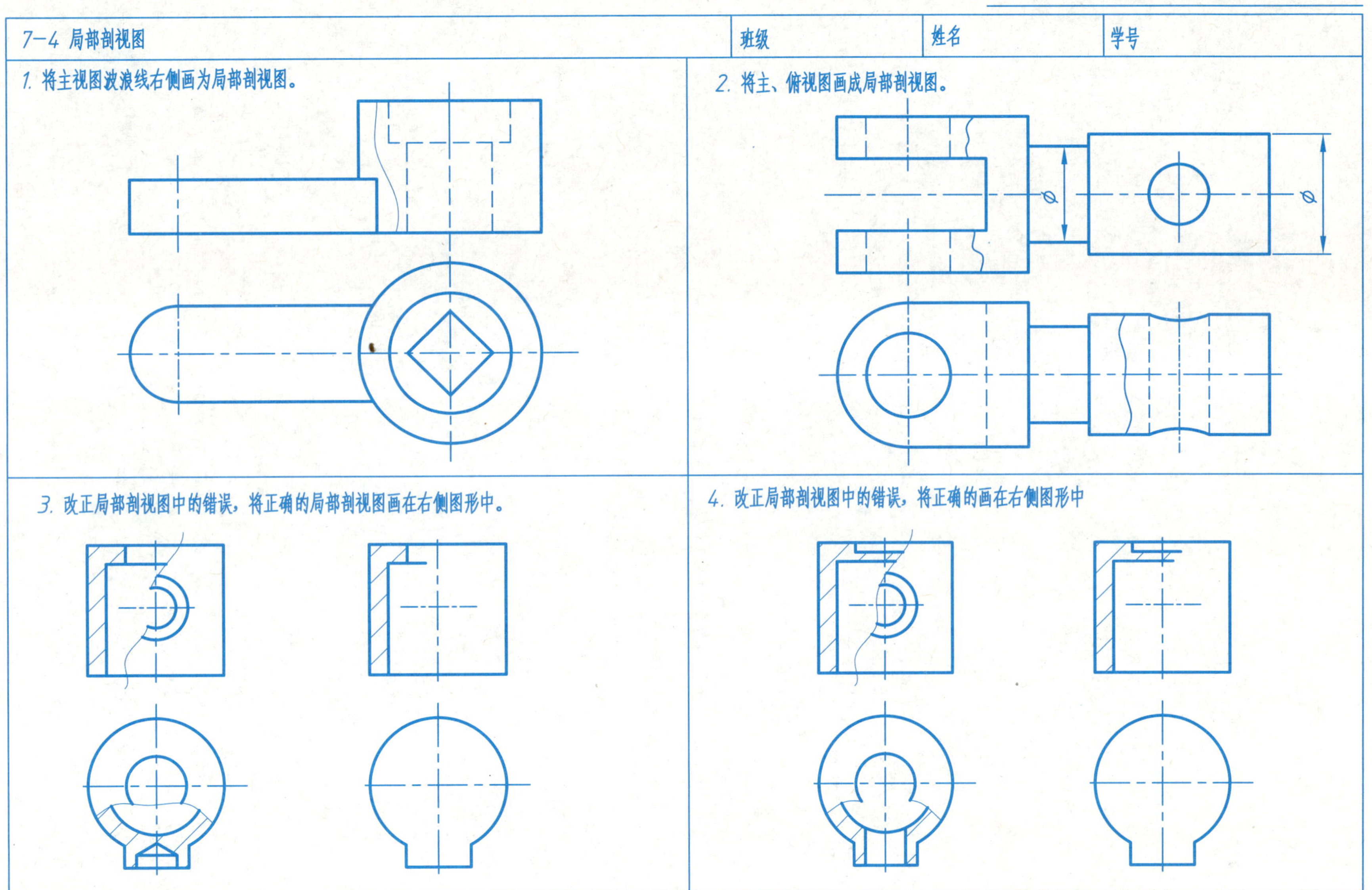
7-4 局部剖视图
班级
姓名
学号
1. 将主视图波浪线右侧画为局部剖视图。
2. 将主、俯视图画成局部剖视图。
⌀
⌀
3. 改正局部剖视图中的错误，将正确的局部剖视图画在右侧图形中。
4. 改正局部剖视图中的错误，将正确的画在右侧图形中

7-5 斜剖视、旋转剖、阶梯剖、复合剖	班级	姓名	学号

1. 用斜剖的方法作A－A全剖视图，并进行标注。

2. 用旋转剖的方法将主视图改画为全剖视图，并进行标注。

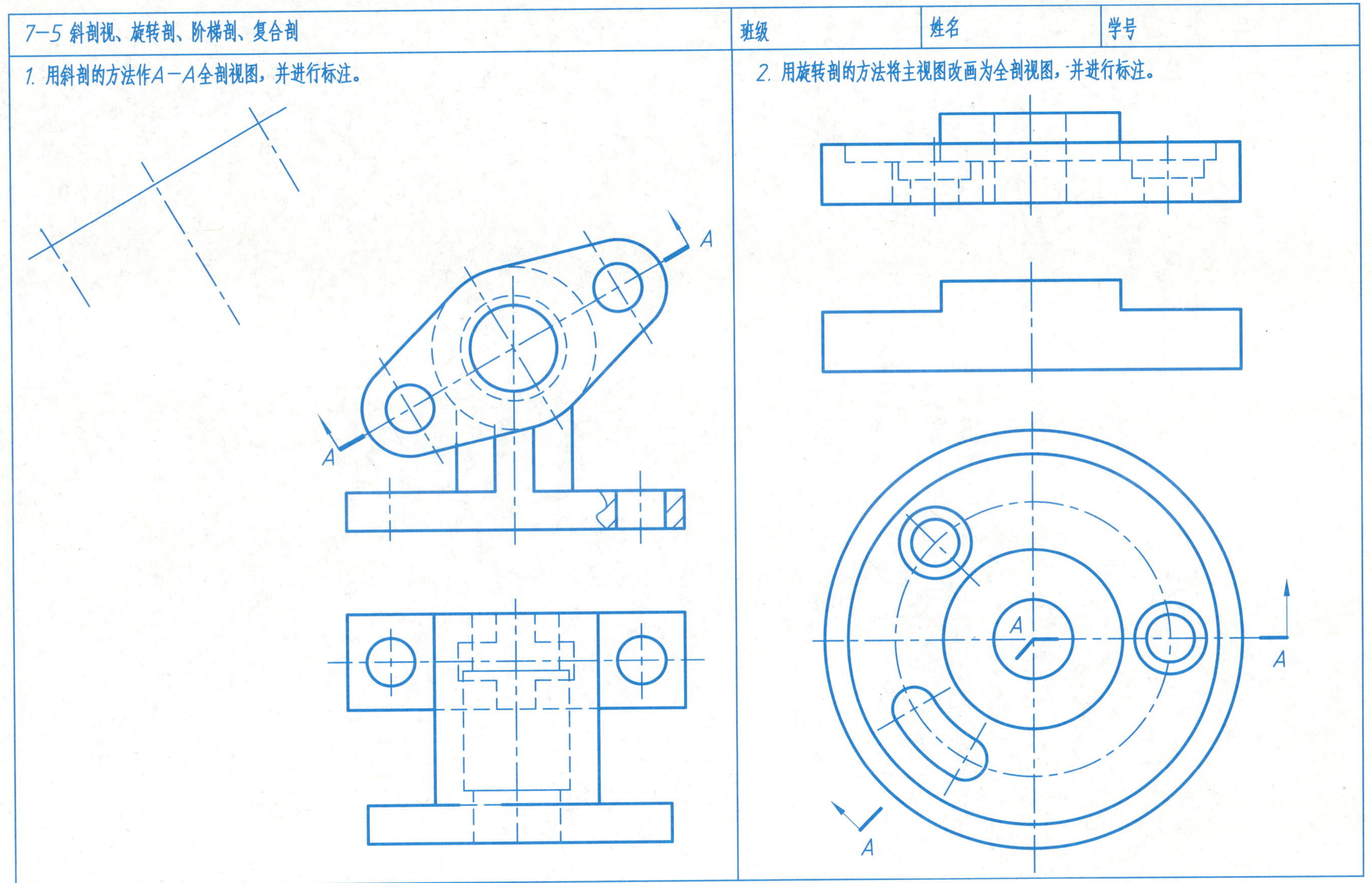

7-5 斜剖视、旋转剖、阶梯剖、复合剖	班级	姓名	学号

3. 用阶梯剖的方法将主视图改为全剖视图，并进行标注。

4. 用复合剖的方法作A-A全剖视图，并进行标注。

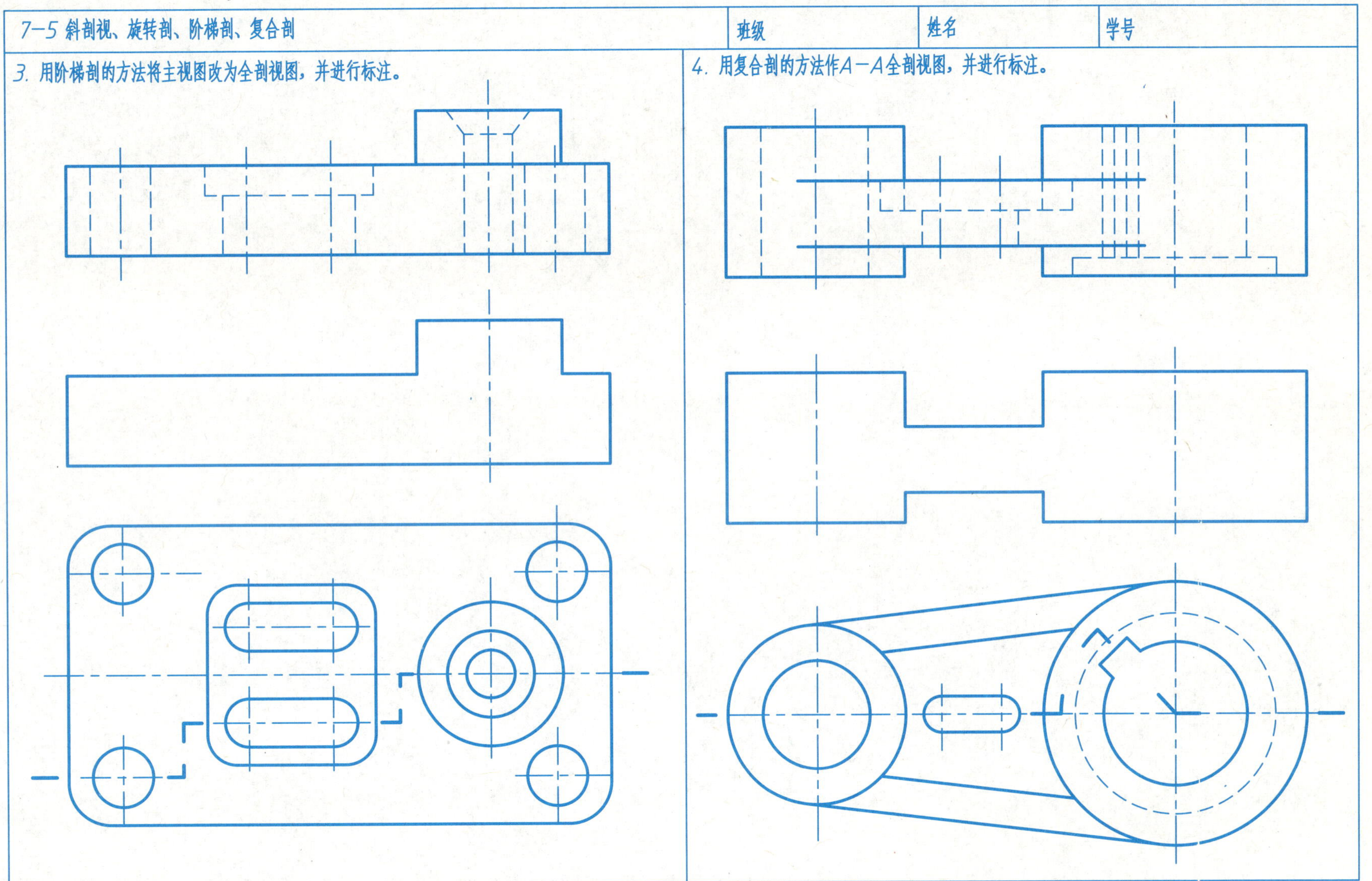

7-6 断面图	班级	姓名	学号

1. 画出轴上指定位置的断面图，并进行标注。

2. 画出指定位置的重合断面。

3. 作出B−B的移出断面。

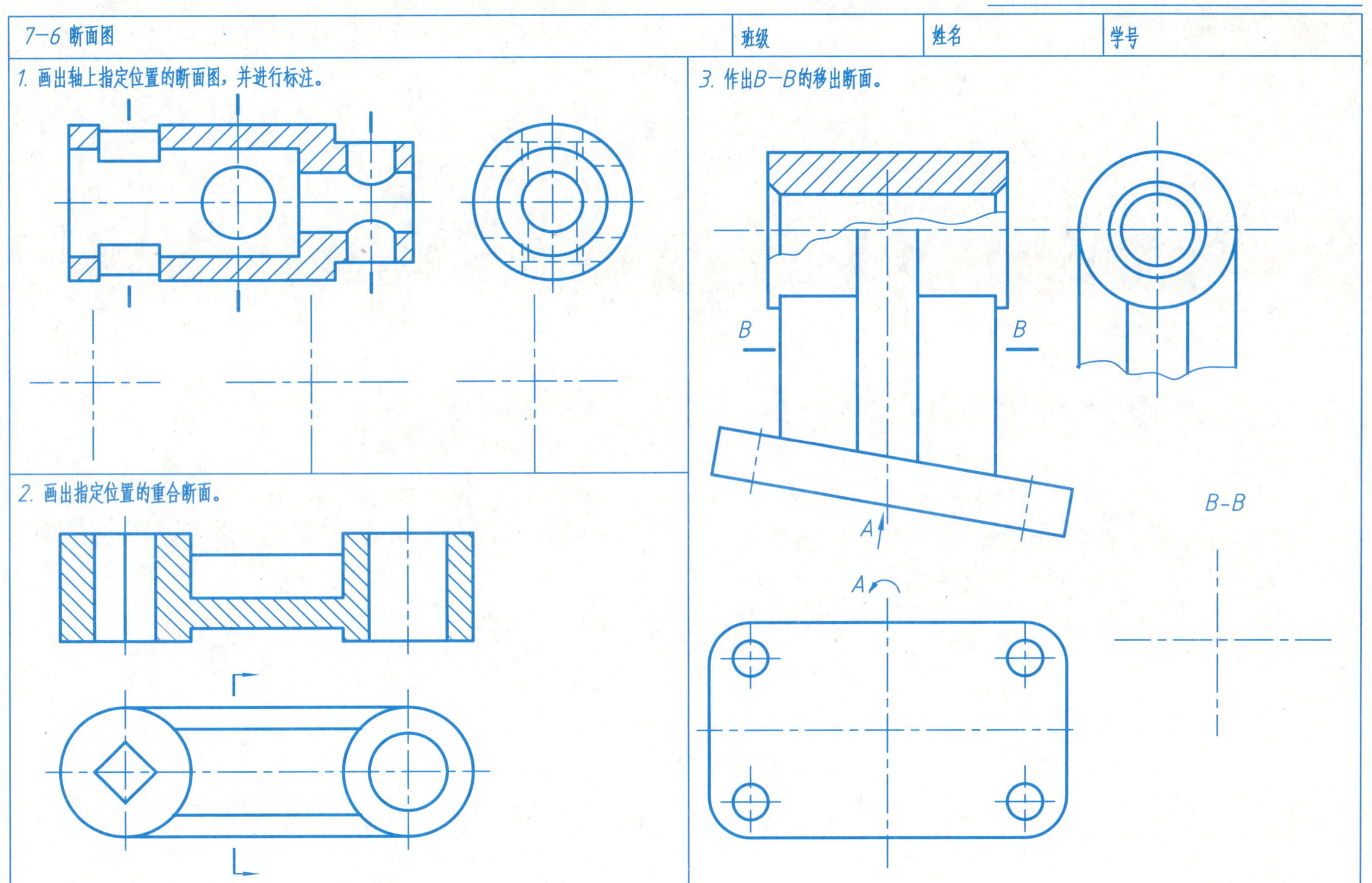

7-7 选择正确的视图或断面图。	班级	姓名	学号

1. 正确的主视图是( )

(a)

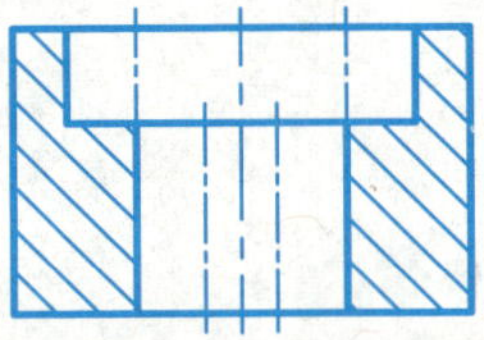

(b)

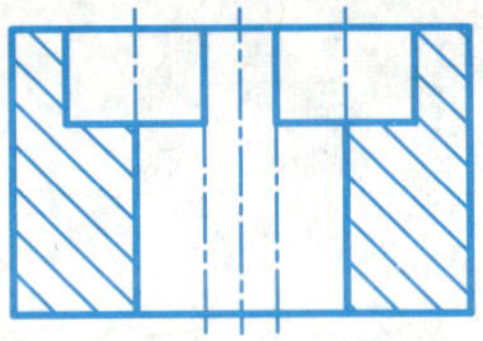

(c)

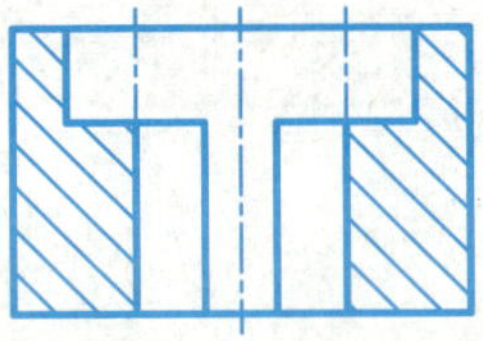

(d)

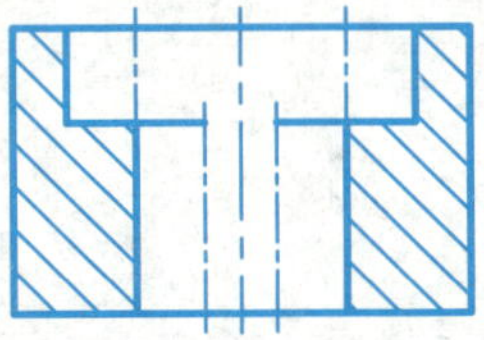

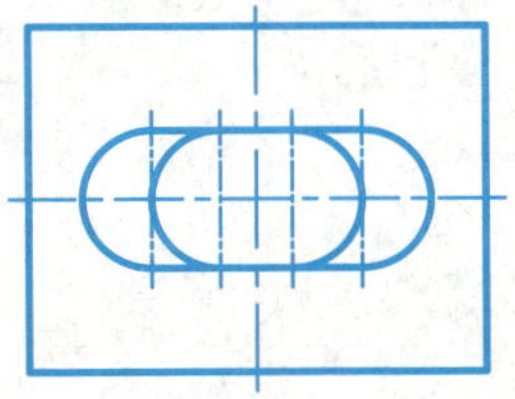

2. 正确的主视图是( )

(a)

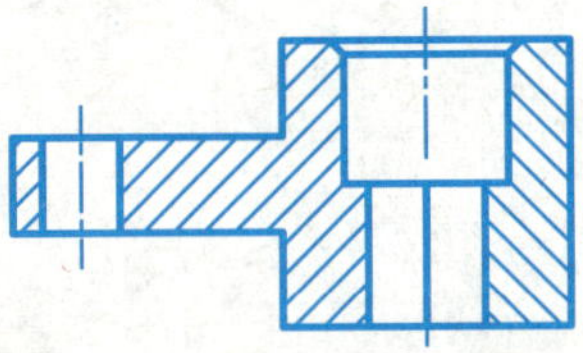

(b)

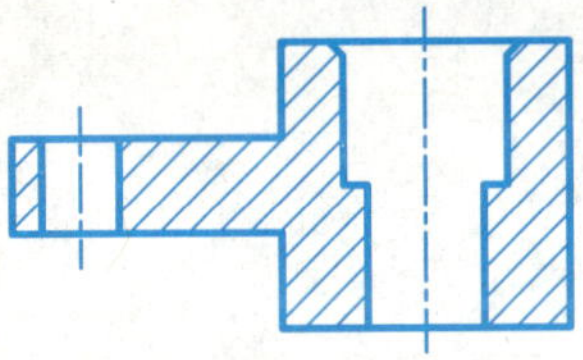

(c)

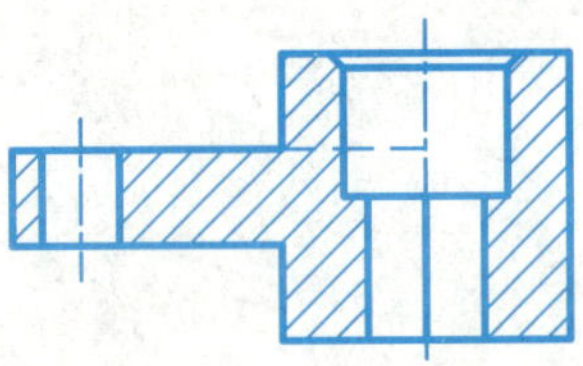

(d)

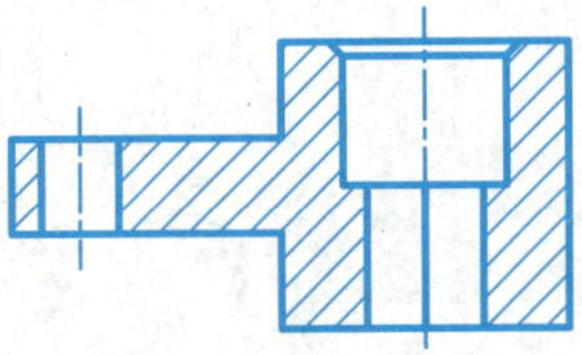

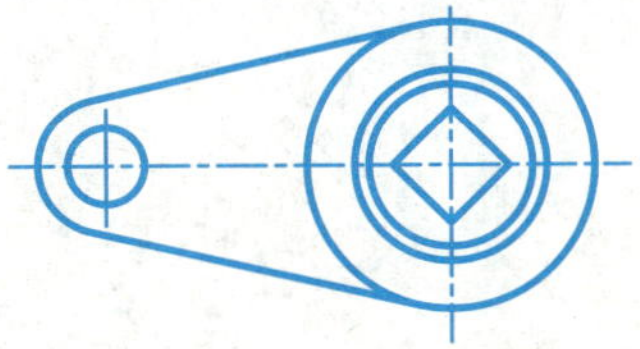

3. 正确的主视图是( )

(a)

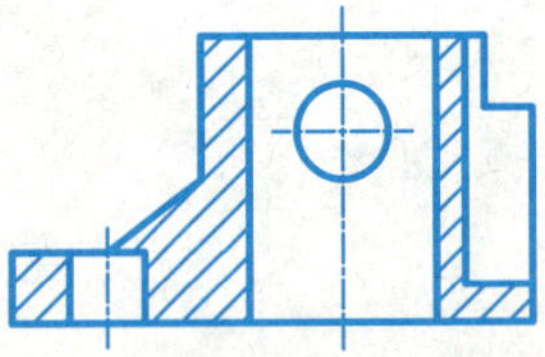

(b)

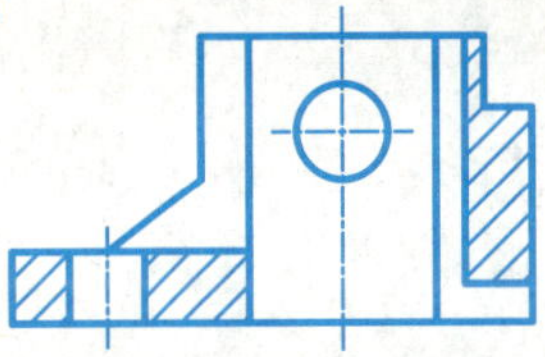

(c)

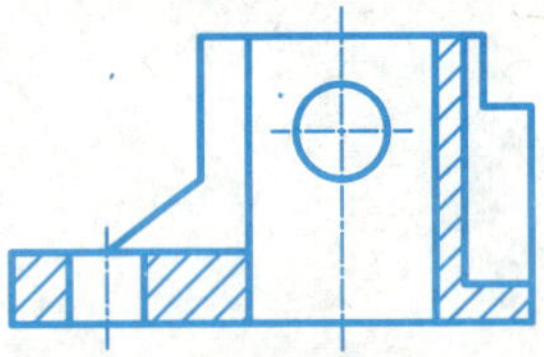

(d)

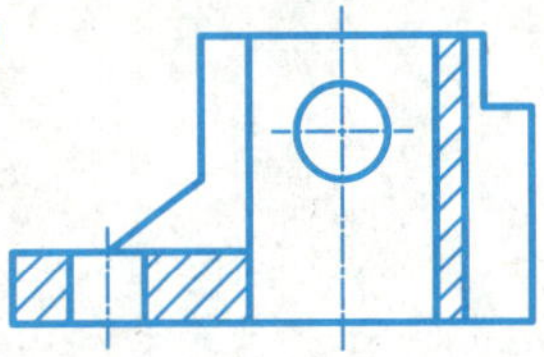

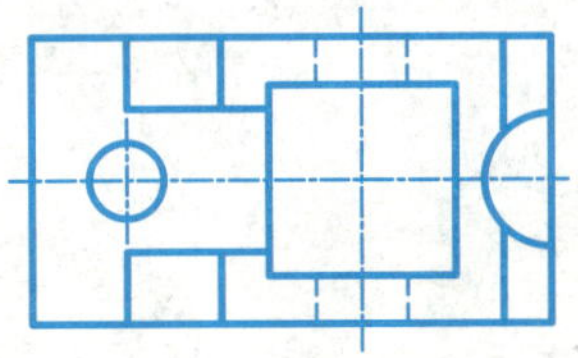

4. 正确的主视图是( )

(a)

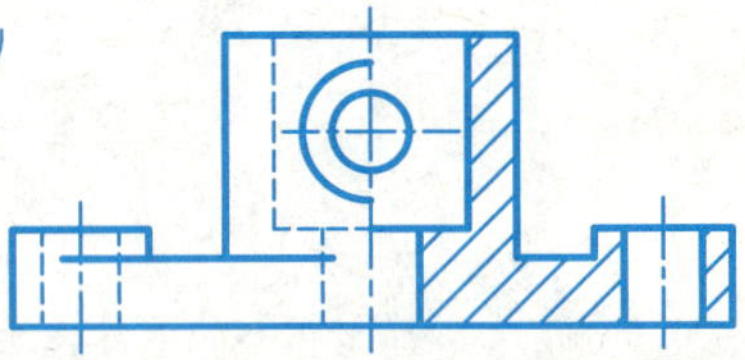

(b)

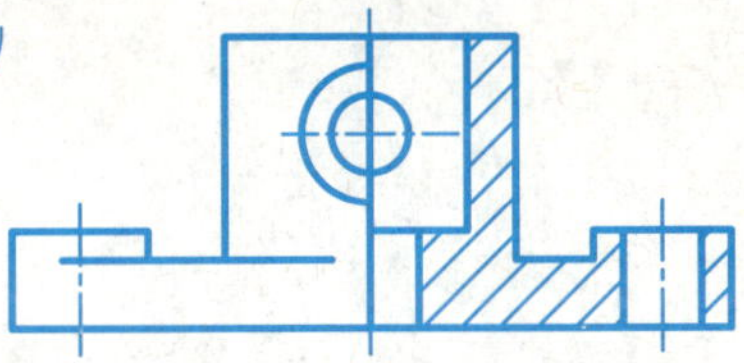

(c)

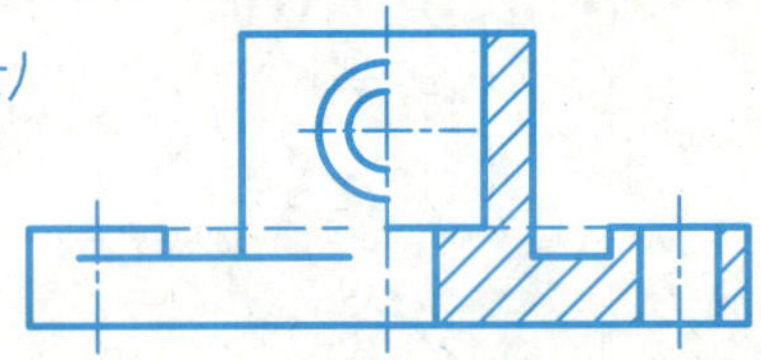

(d)

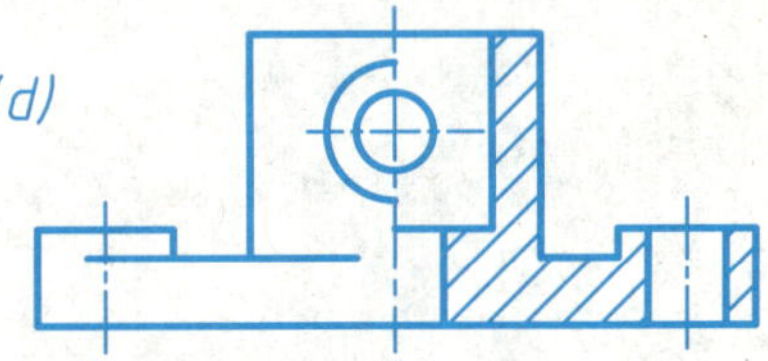

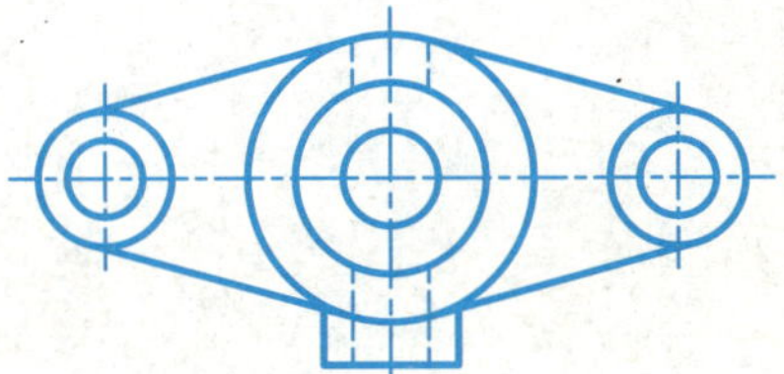

7-7 选择正确的视图或断面图。	班级	姓名	学号

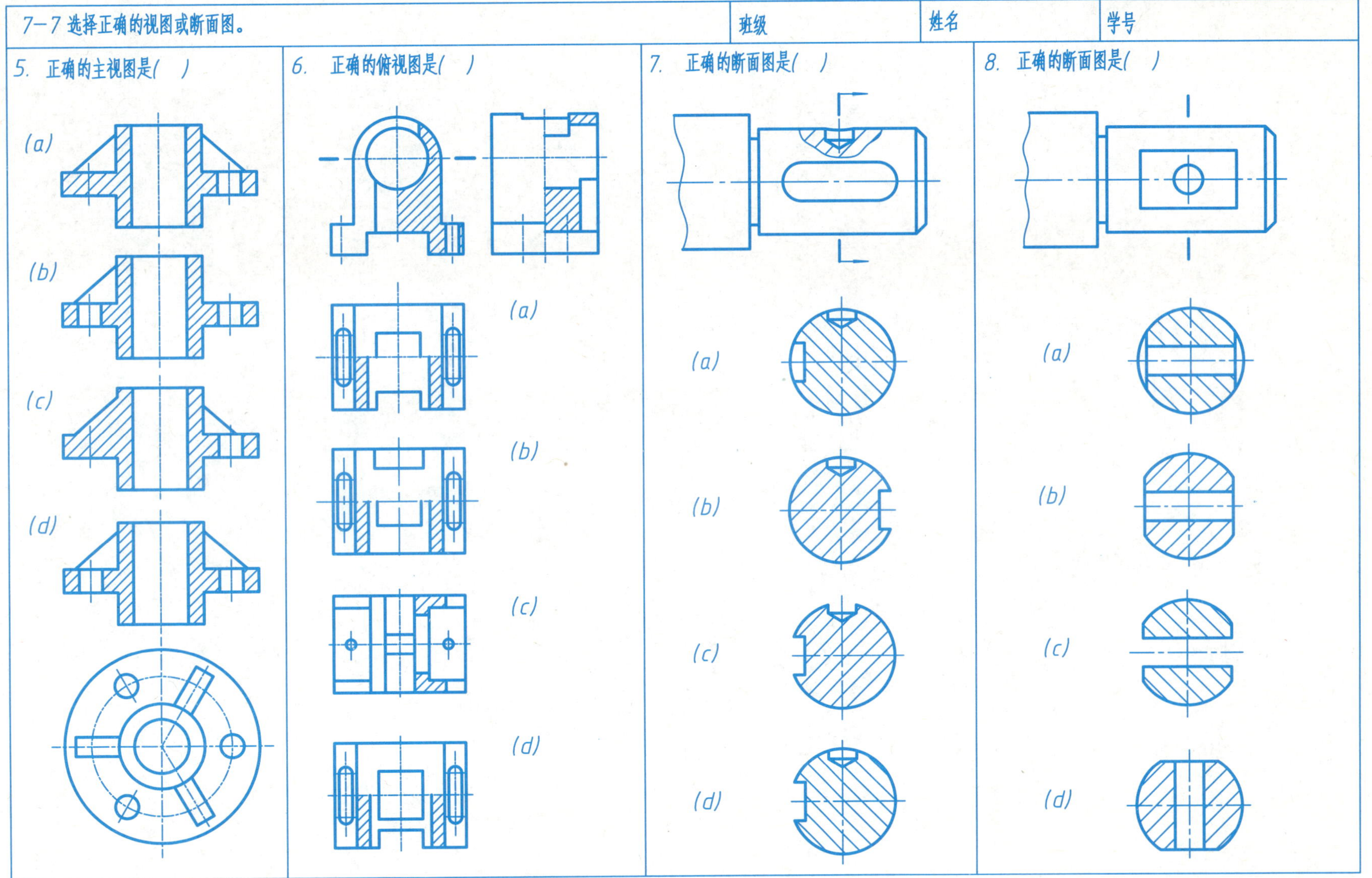

7-8 表达方法综合应用	班级	姓名	学号

1. 在指定位置上，将主视图改为半剖视图，并画出全剖左视图。

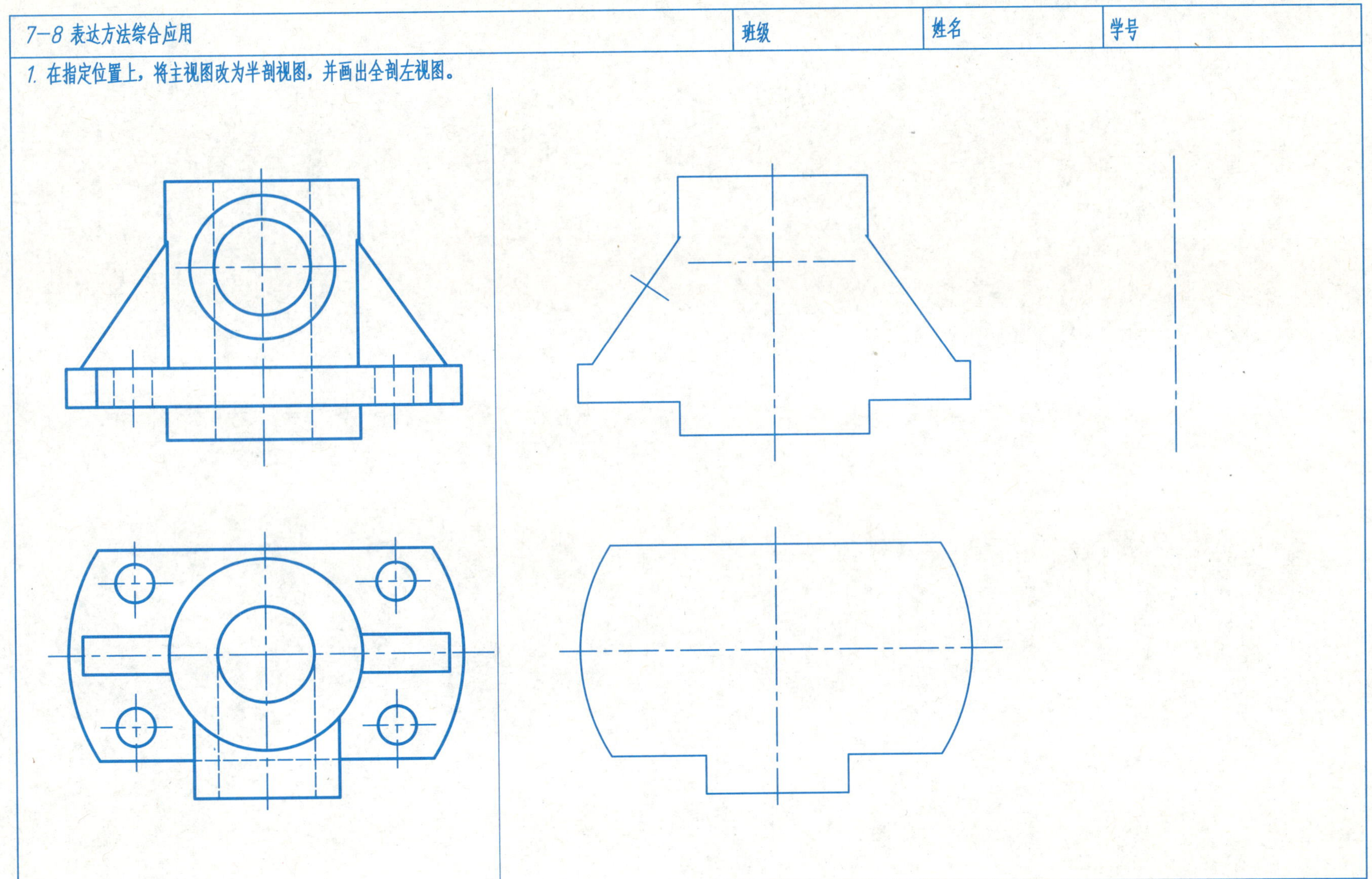

7-8 表达方法综合应用	班级	姓名	学号

2. 用适当的表达方法表达机件的内、外结构。

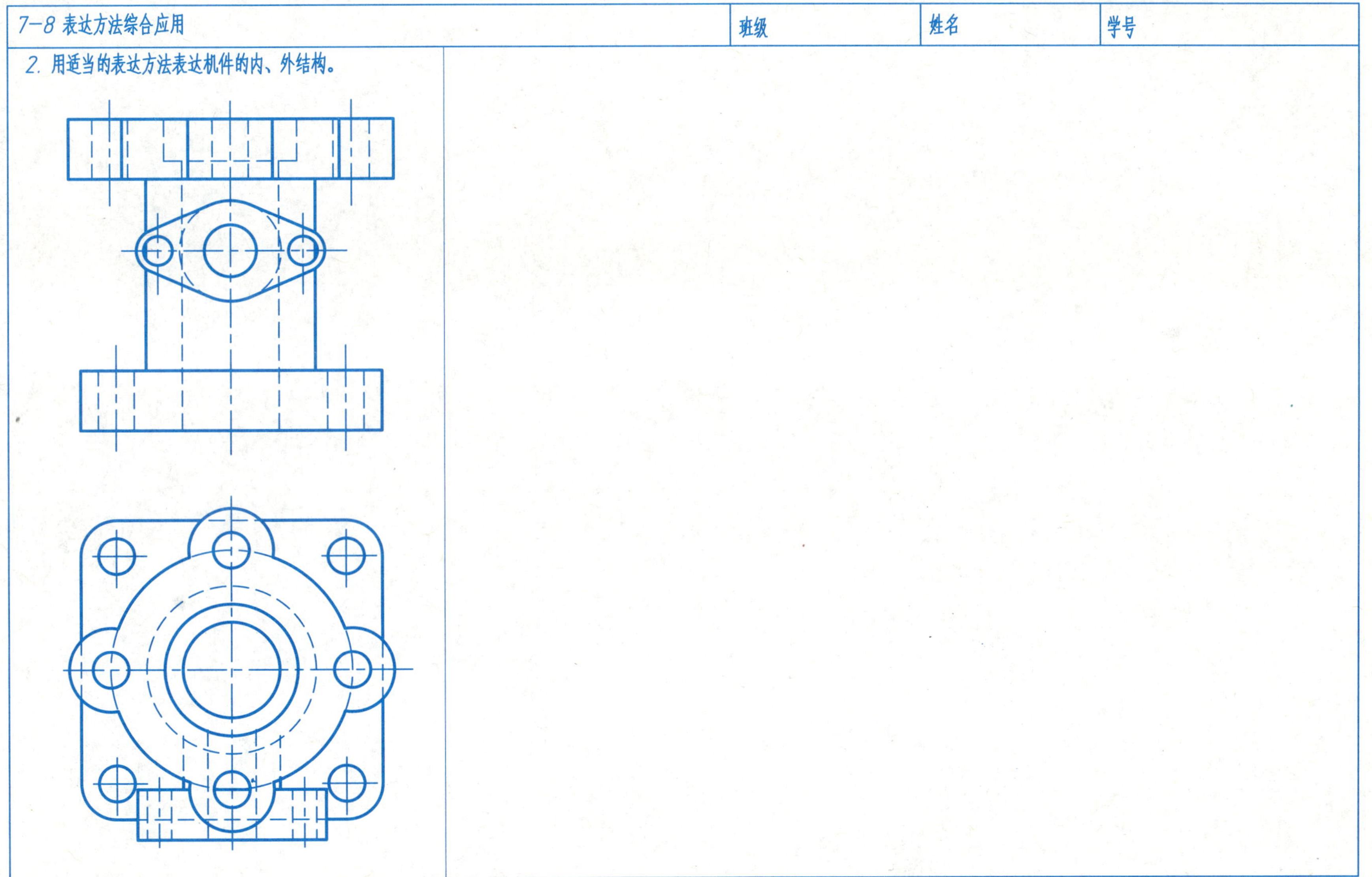

7-9 表达方法的综合—实践训练	班级	姓名	学号

表达方法综合训练要求及指导

1.目的与要求

熟悉视图、剖视图、断面图、简化画法等各种表达方法的适用情况、画法、配置和标记；学习综合运用各种表达方法明确表达机件的形体结构；熟悉剖视图的尺寸标注。

2.作图内容

根据所给的视图，想象出物体的空间形状。综合运用各种表达方法正确、完整、清晰地表达该机件的结构，视图数量及表达方式可重新考虑，不受原视图的限制，并要求在视图上标注尺寸。

3.绘图步骤与注意事项

（1）在选定的图纸上，按制图标准绘制图框线和标题栏。分析机件的内外结构形状，确定合适的表达方案，在图幅内布置各视图。布置各视图时应先定出它们的对称线或作图的基准线。

（2）按已确定的表达方案绘制各视图或剖视图。在绘制半剖视图时，建议按习惯将半个剖视部分绘制在图形对称线的右侧或下侧，并注意剖视图的标注是否可以省略。不必要的虚线要省略。

（3）标注尺寸。要求尺寸完整、清晰，不重复、不遗漏，尺寸线布置均匀，半剖视图中因一侧省略虚线而无法画出箭头时，应将尺寸线略超过中心线约5～10mm。

（4）书写字体。本次作业中，尺寸数字建议采用国家标准规定的3.5号字体。

（5）标题栏内的标题填写为“表达方法综合训练”。

1. 用适当的方法将机件的内外部结构表达清楚，按2∶1画在3号图纸上，并且标注尺寸（尺寸数字从原图中量取并圆整）。

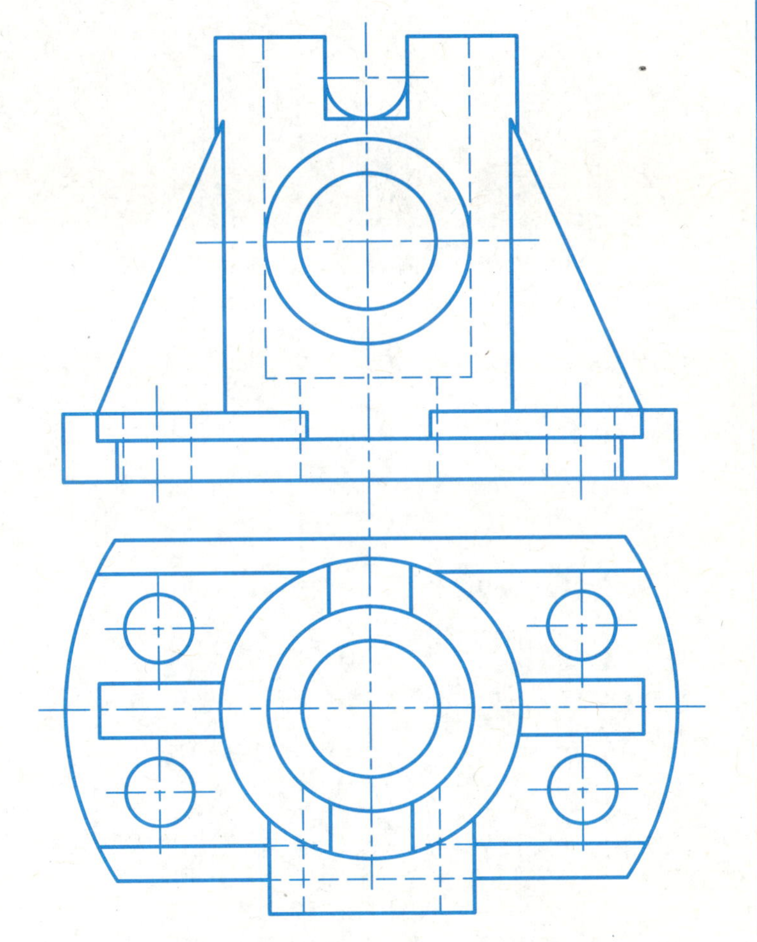

7-9 实践训练	班级	姓名	学号

2. 按2∶1在3号图纸上画出主、俯、左视图，对其采用适当的表达方法将机件的内外部结构表达清楚，并且标注尺寸（尺寸数字从原图中量取并圆整）。

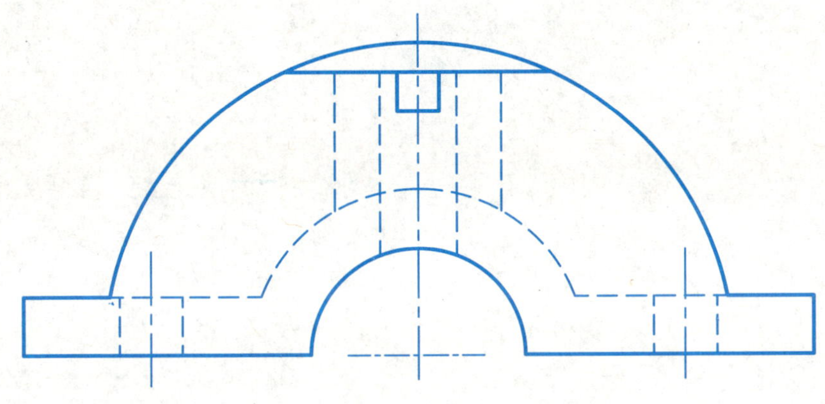

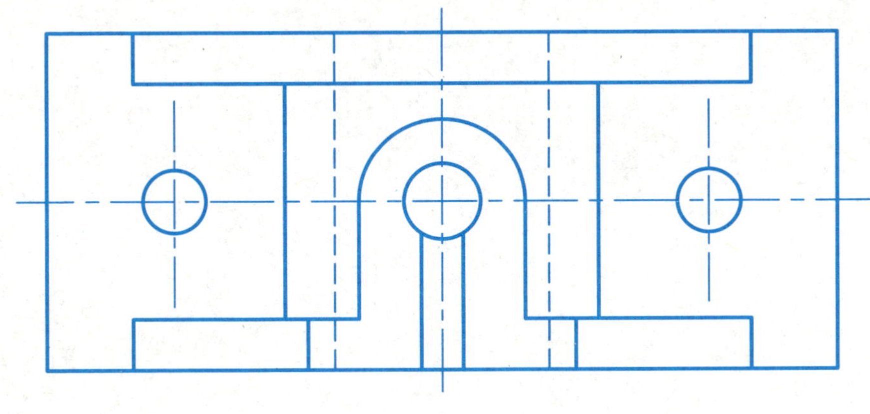

8-1 螺纹结构	班级	姓名	学号

1. 标注螺纹—粗牙普通螺纹，公称直径16，右旋，中径和顶径公差带代号为7f、8f，中等旋合长度。

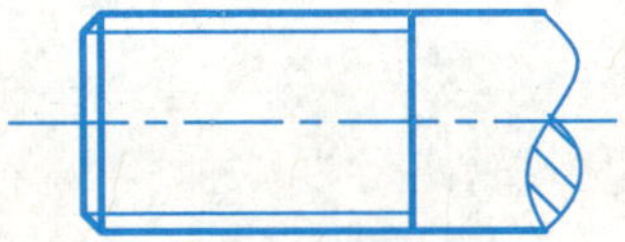

2. 标注螺纹—细牙普通螺纹，大径12，螺距1.25，左旋，中径和顶径公差带代号为6f。

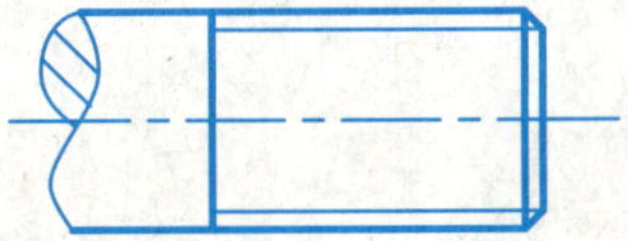

3. 细牙普通螺纹，大径10，螺距1，左旋，中径和顶径公差带代号为7H。

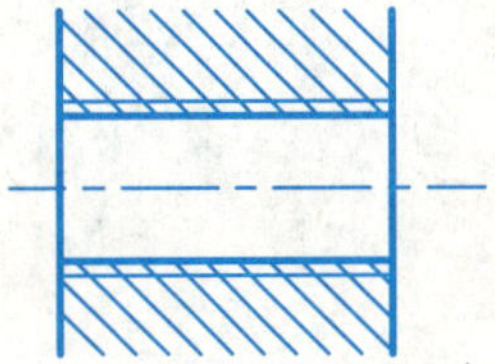

4. 英寸制管螺纹，公称直径1.5英寸，右旋，查出它的大径、小径和螺距，并填入指定位置。

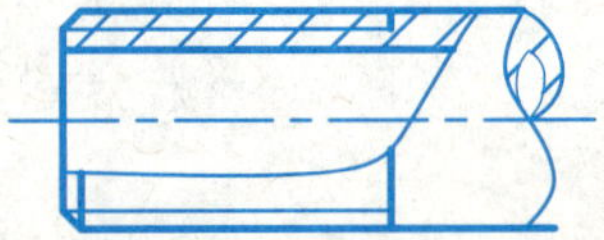

螺纹大径=　　　螺纹小径=

螺距=　　.

5. 分析下列图中螺纹画法的错误，在其下方画出正确的图形。

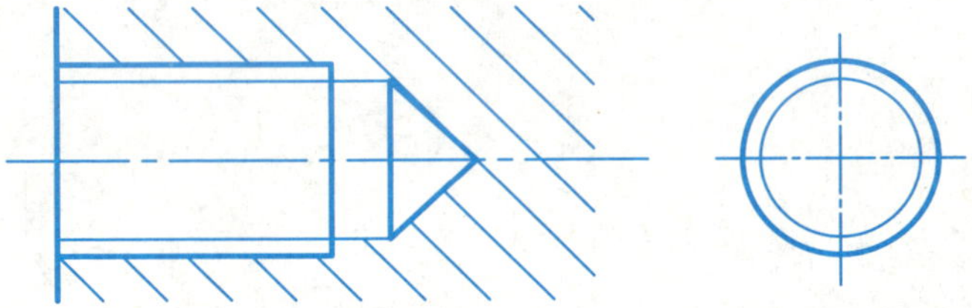

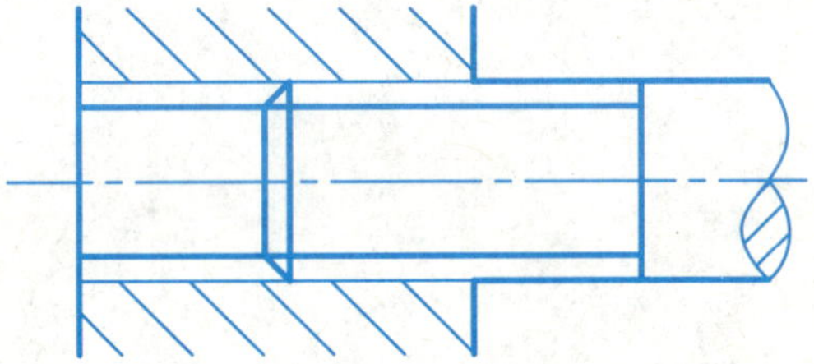

8-2 零件图的视图	班级	姓名	学号

1. 读端盖零件图，在指定位置画出B−B剖视图。

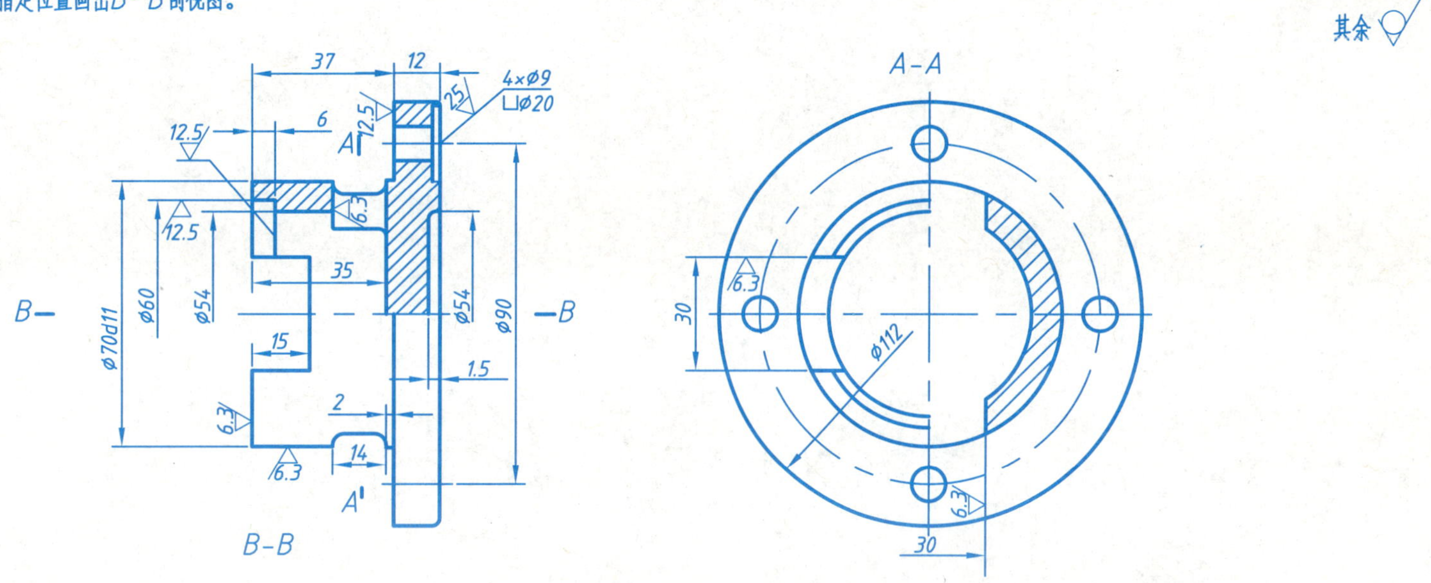

其余

A−A

B−B

技术要求：

1. 未注圆角半径为R1。
2. 铸件不得有气孔、裂纹等缺陷。

制图			端 盖				
校对							
审核				材料	35	比例	1:2

8-3 零件图尺寸标注	班级	姓名	学号

1. 下图是一个轴承挂架，用于固定在机器上来支撑轴，试指出挂架的主要尺寸基准并标注尺寸，尺寸数值由图1：1量取，并适当圆整。

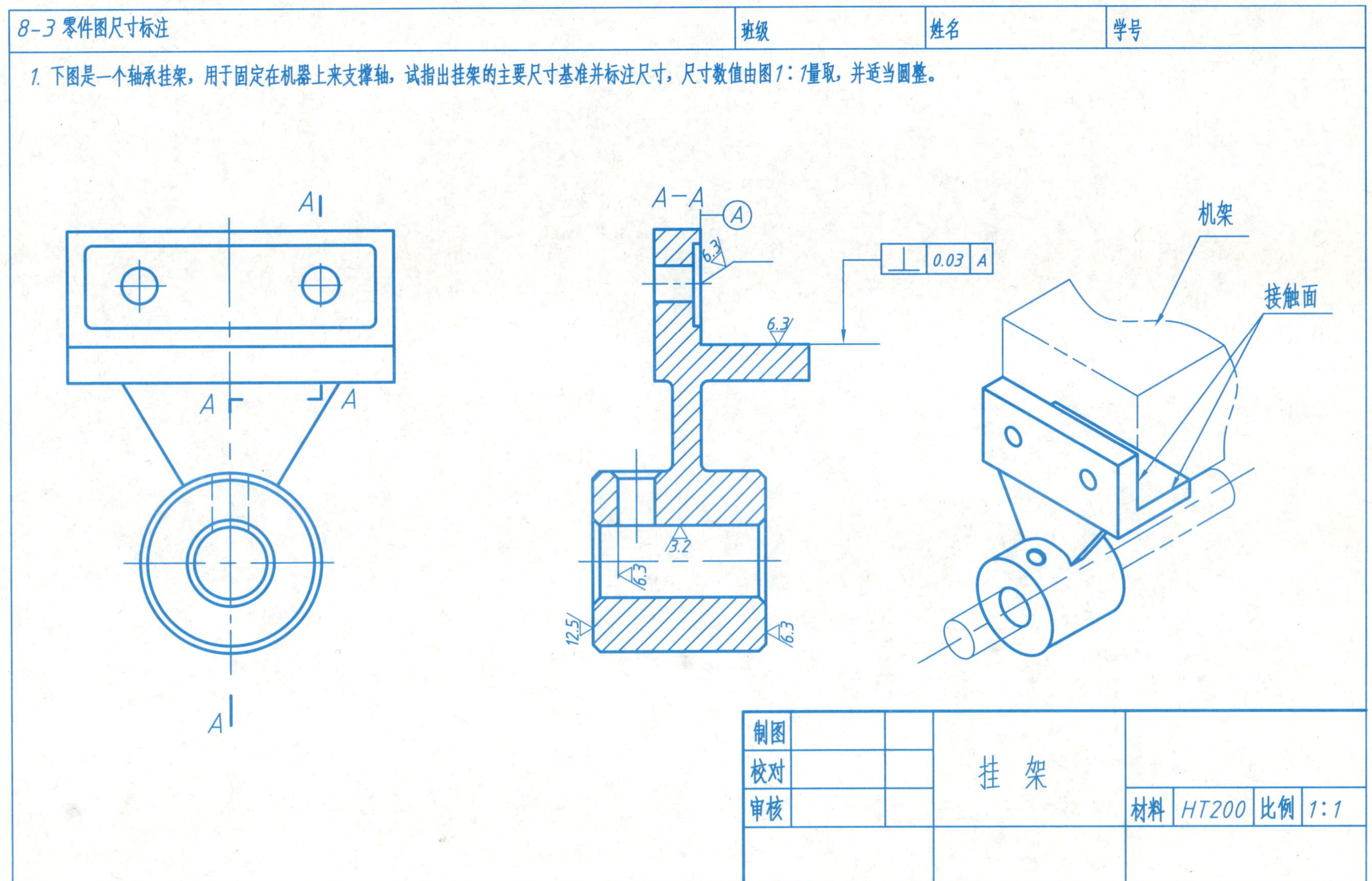

8-3 零件图尺寸标注	班级	姓名	学号

2. 确定轴承盖的尺寸基准，并注出图中所缺的尺寸。

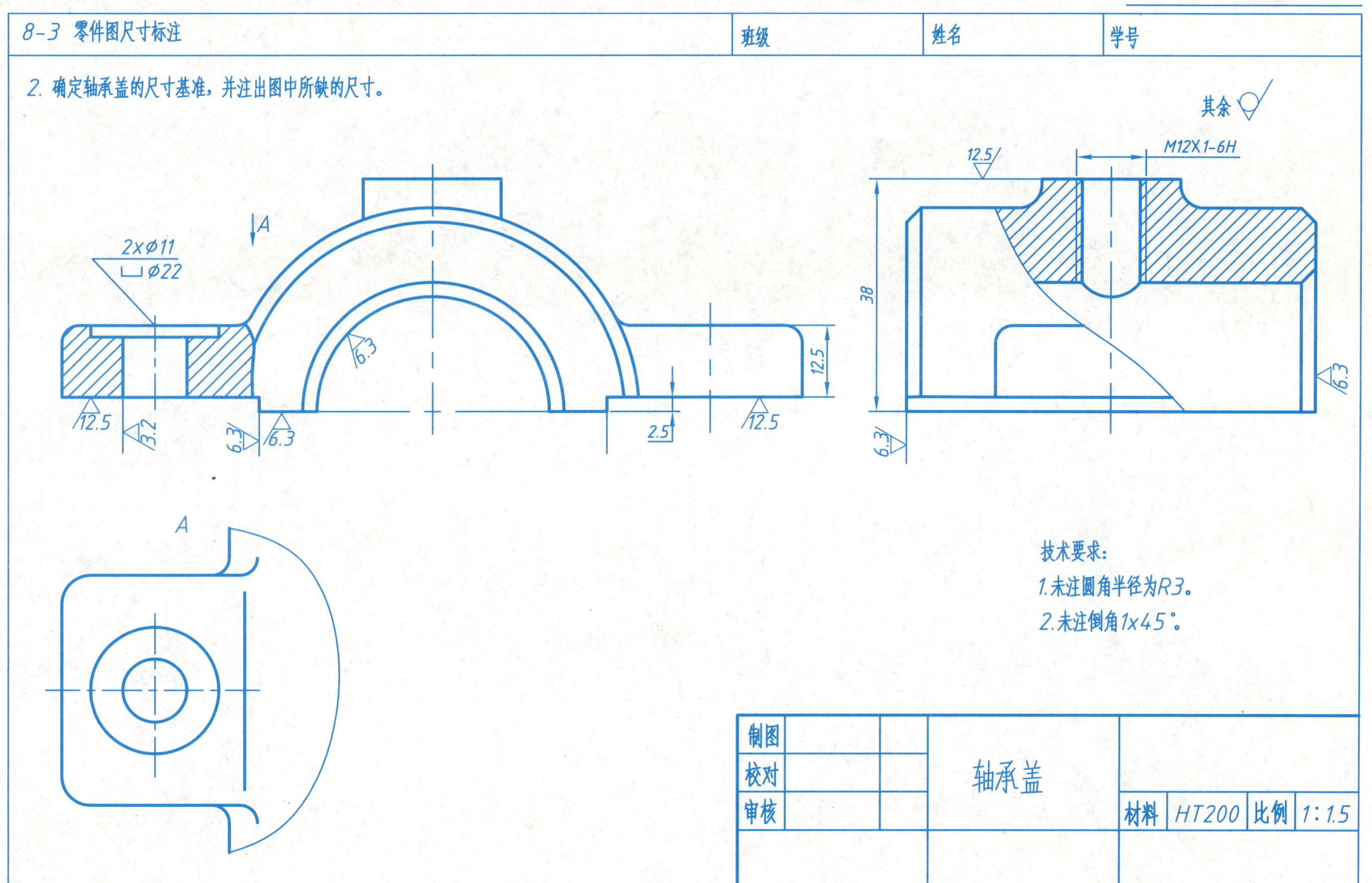

技术要求：

1.未注圆角半径为R3。

2.未注倒角1x45°。

制图			轴承盖				
校对							
审核				材料	HT200	比例	1:1.5

8-4 零件的表面粗糙度	班级	姓名	学号

1. 按1:1标注尺寸和表面粗糙度符号，并取整数。支板上孔内表面R_a为6.3μm，底板台阶孔表面R_a为12.5μm，底板底面R_a为25μm，其余不加工。

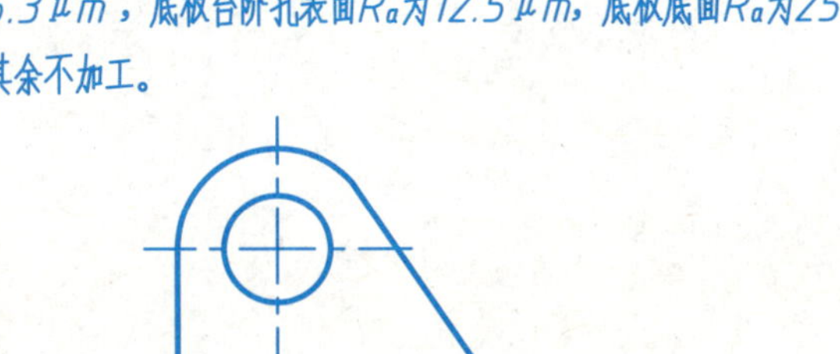

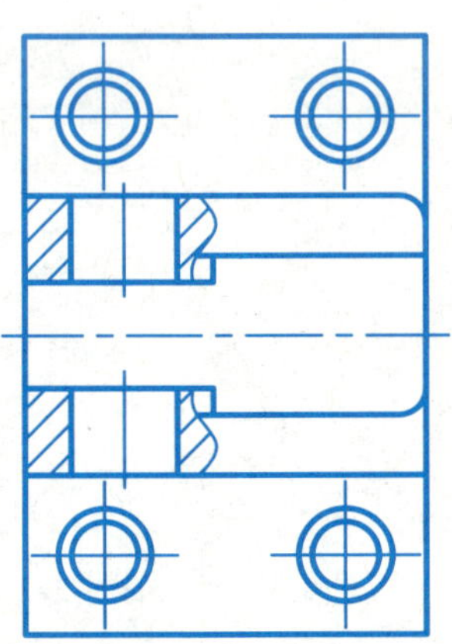

2. 标注圆柱齿轮的表面粗糙度。齿顶圆柱面R_a为3.2μm，轮齿工作面R_a为1.6μm。键槽工作面面R_a为1.6μm，其余表面R_a为3.2μm。

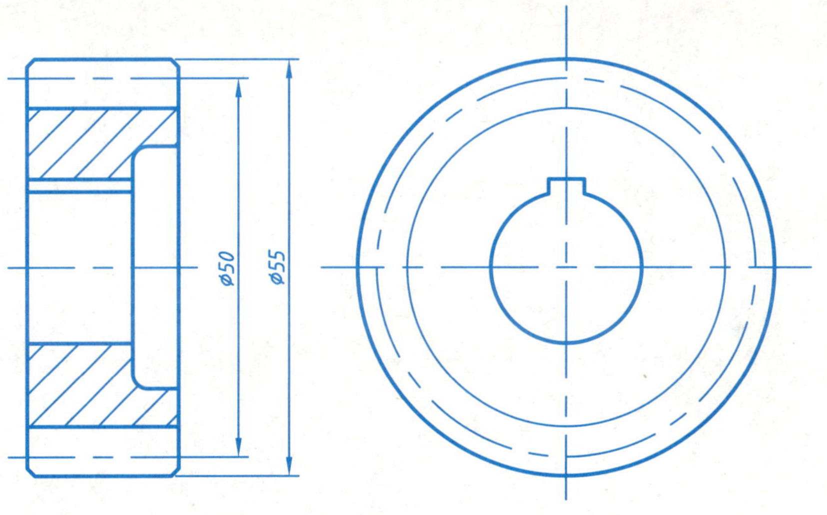

8-5 极限与配合

班级 姓名 学号

1. 改错，将正确注法写在横线上。

(1) $\phi 40^{-0.05}_{-0.31}$ ______

(2) $\phi 50^{-0.7}$ ______

(3) $\phi 30^{\pm 0.008}$ ______

(4) $\phi 30^{+0.021}_{0}$ (H7) ______

2. 查表，将偏差数值写在括号内。

(1) ϕ30H8 (　　　　)

(2) ϕ60Js7 (　　　　)

(3) ϕ25m6 (　　　　)

(4) ϕ40f7 (　　　　)

3. 查表，将公差带代号写在基本尺寸之后。

孔 { ϕ70 ($\pm$0.015)；ϕ20 $\left(^{+0.006}_{-0.015}\right)$ }

轴 { ϕ30 $\left(^{-0.020}_{-0.041}\right)$；$\phi$35 $\left(^{+0.018}_{+0.002}\right)$ }

4. 查表，并作解释。

	ϕ28H7	ϕ28r6	ϕ30p7	ϕ30h7
基本尺寸				
基本偏差代号				
标准公差等级				
公差带代号				
上偏差数值				
下偏差数值				
基本偏差数值				
标准公差数值				

8-5 极限与配合	班级	姓名	学号

5. 根据孔（基本尺寸∅30mm、上偏差+0.021mm、下偏差0）、轴（基本尺寸∅30mm、上偏差-0.020、下偏差-0.041mm）的已知尺寸，查出它们的公差带代号，再将其与极限偏差同时标注在图上，并回答问题。

6. 根据零件的标注，在装配图上注出配合代号，并回答问题。

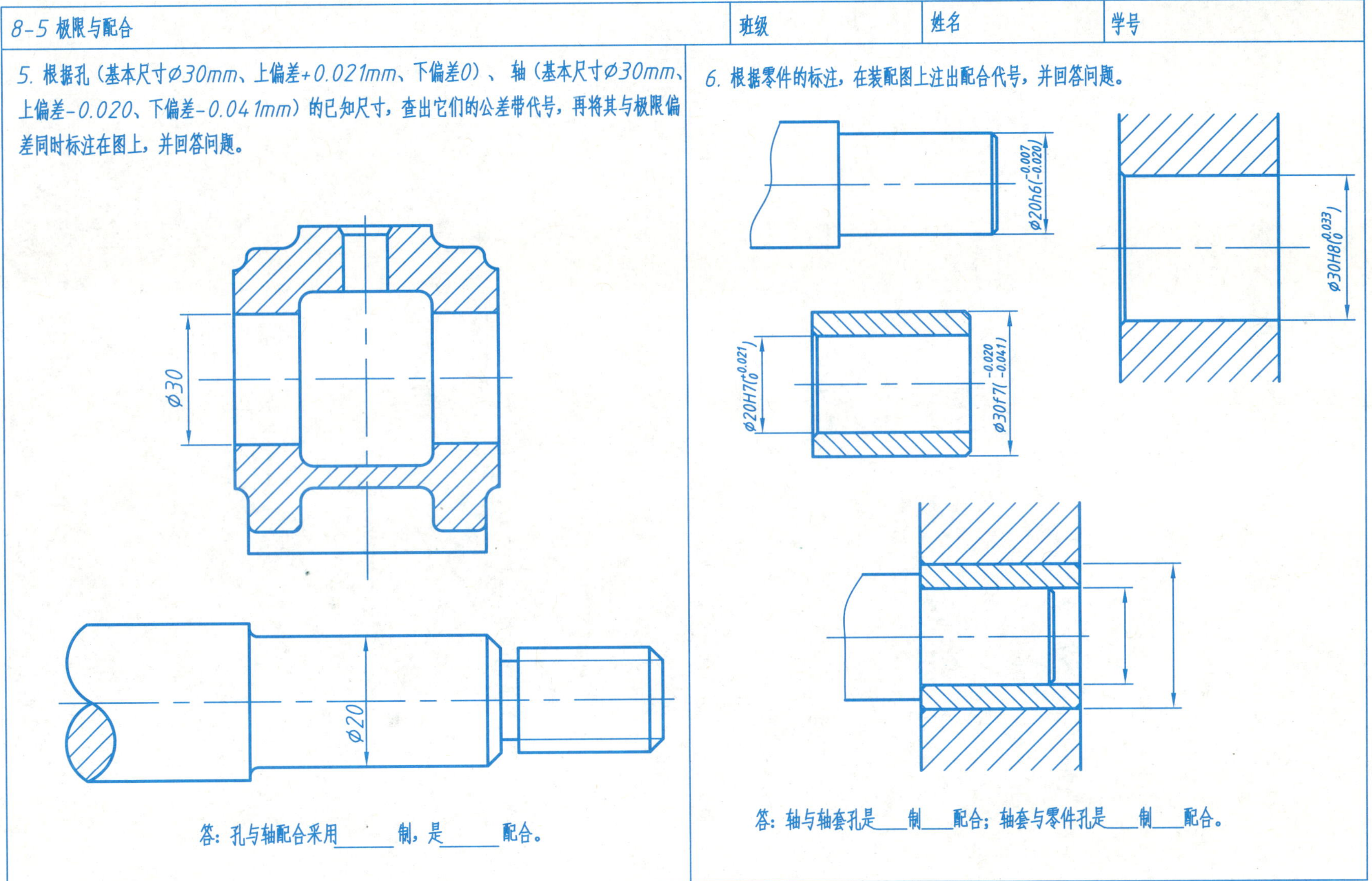

答：孔与轴配合采用______制，是______配合。

答：轴与轴套孔是____制____配合；轴套与零件孔是____制____配合。

8-6 形位公差—填空说明图中形位公差代号的含义。 班级 姓名 学号

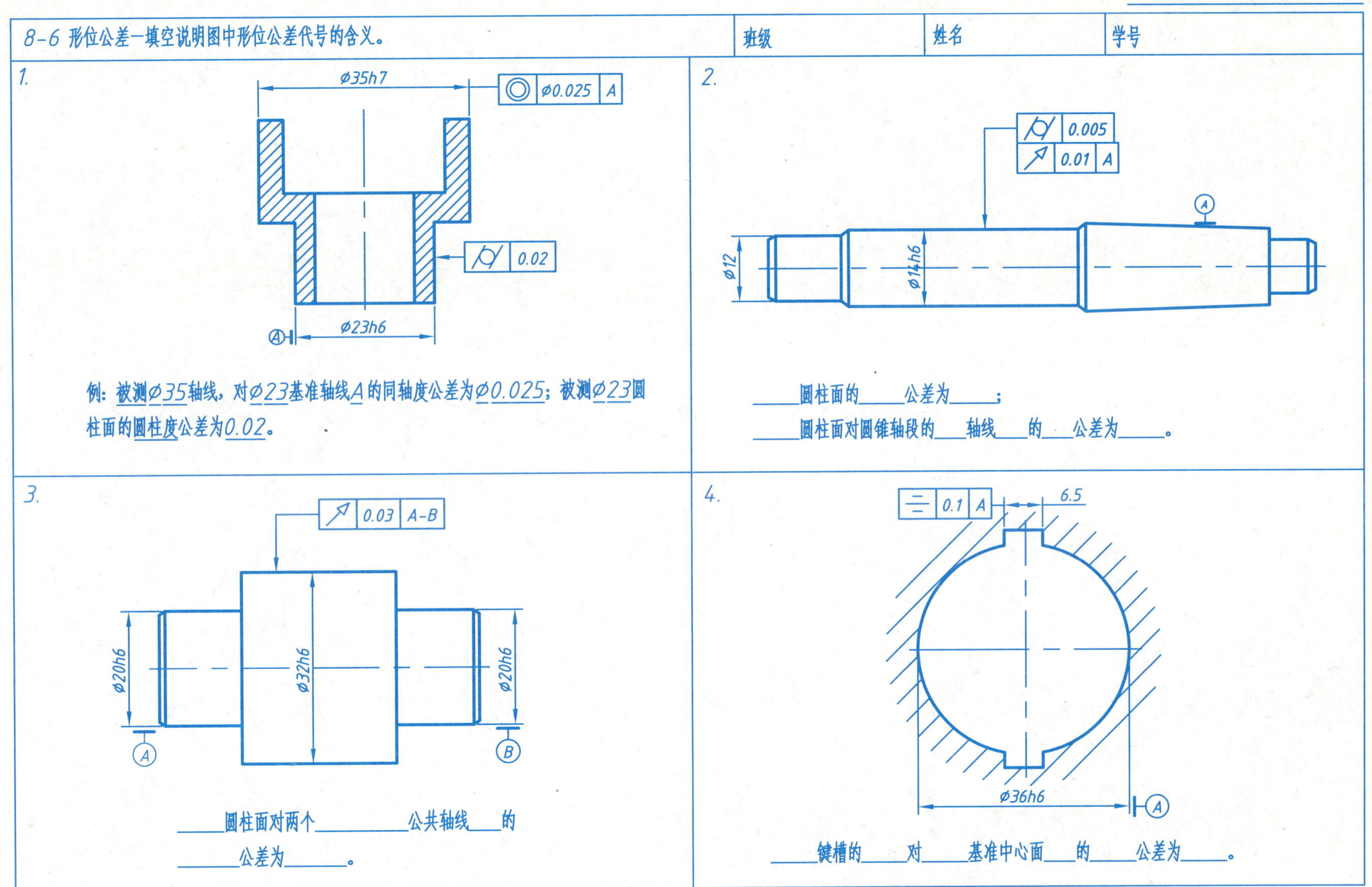

1. 例：被测ø35轴线，对ø23基准轴线A的同轴度公差为ø0.025；被测ø23圆柱面的圆柱度公差为0.02。

2. ____圆柱面的____公差为____；
____圆柱面对圆锥轴段的____轴线____的____公差为____。

3. ____圆柱面对两个________公共轴线____的
______公差为______。

4. ____键槽的____对____基准中心面____的____公差为____。

8-7 零件图绘制—实践训练	班级	姓名	学号

零件图的绘制

1.目的与要求

熟悉零件图绘制。分析零件的内外结构形状，综合运用各种表达方法，正确、完整、清晰、合理地表达零件的内外结构形状。选择尺寸基准，正确、完整地标注零件的全部尺寸。同时，根据所给的技术要求进行标注。

2.作图内容

根据所给零件的轴测图和技术要求参数，选择合适的比例和图幅绘制零件图。

3.绘图步骤与注意事项

(1) 在选定的图纸上，按标准绘制图框线和标题栏。分析零件的内外结构形状，确定合适的表达方案，在图幅内布置各视图。布置各视图时应先定出它们的对称线或作图的基准线。

(2) 标注尺寸时必须明确基准，正确、合理地配置尺寸，同时注意箭头的画法是否正确、美观。

(3) 标注表面粗糙度符号，注意应严格按表面粗糙度符号的画法及参数值的书写规定进行标注。

(4) 各种文字（尺寸数字、表面粗糙度数值、技术要求说明）等的字体，均应符合国家标准的规定，以便使图面质量接近生产图纸的水平。

1. 根据零件的轴测图，在右侧绘制其零件图，具体尺寸按1:1从轴测图量取，并适当圆整。技术要求按类比法自行确定。

名称：支座

材料：HT200

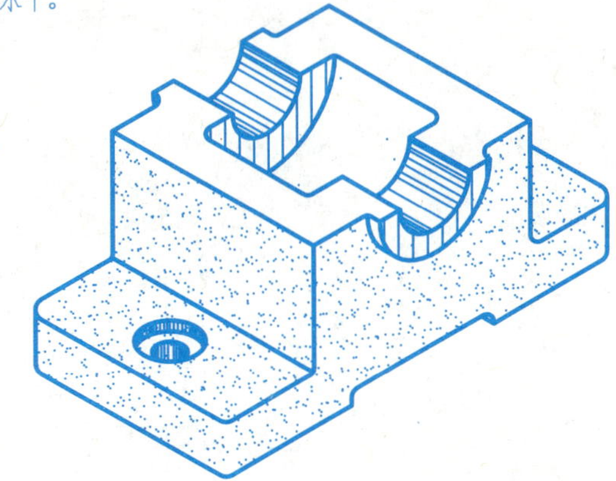

8-7 零件图绘制-实践训练	班级	姓名	学号

2. 根据零件的轴测图，选择合适的比例和图纸绘制其零件图。

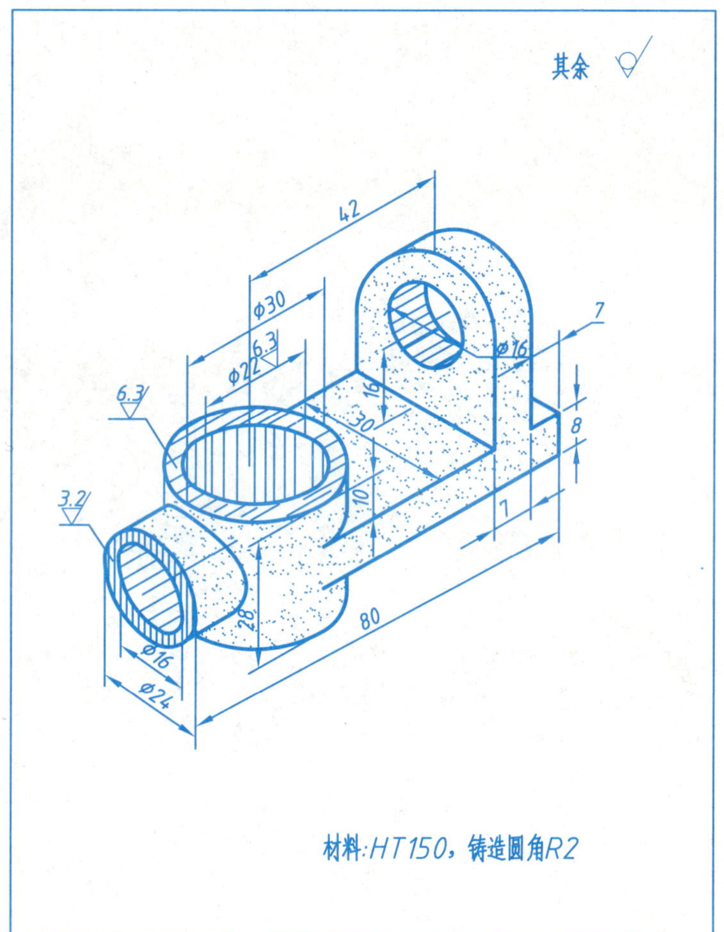

3. 根据零件的轴测图，选择合适的比例和图纸绘制其零件图。

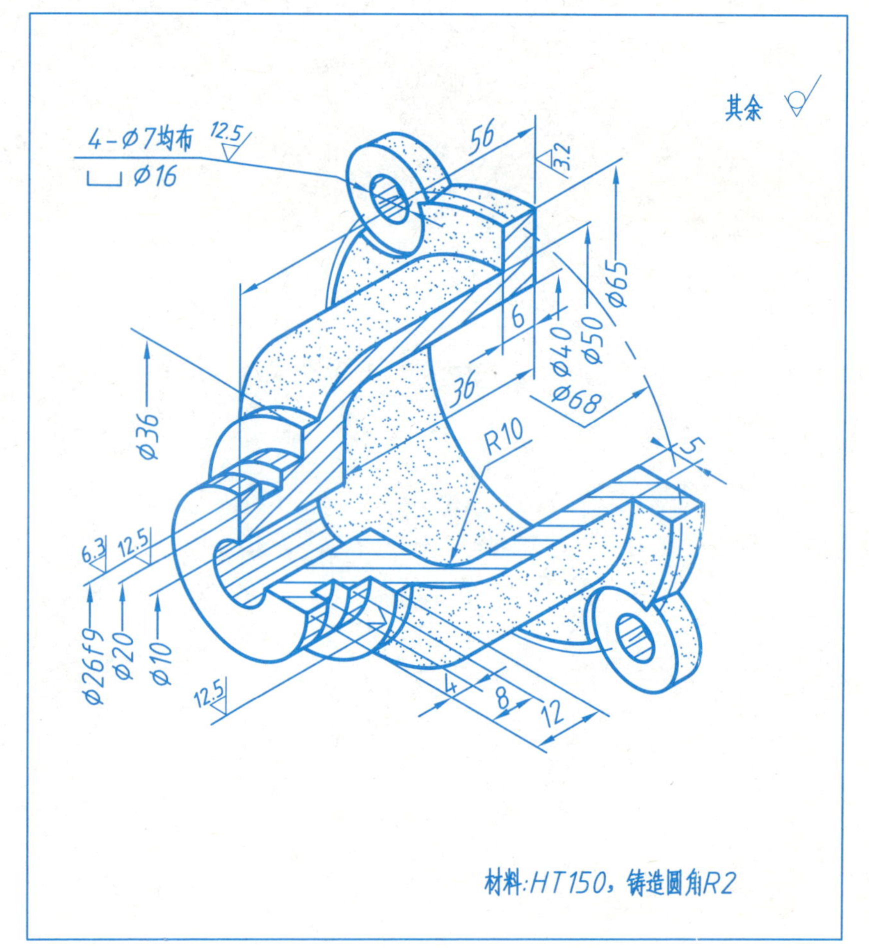

8-7 绘制零件图	班级	姓名	学号

4. 画支座的零件图（A3图幅，比例1:1）

材料:HT150，铸造圆角R2

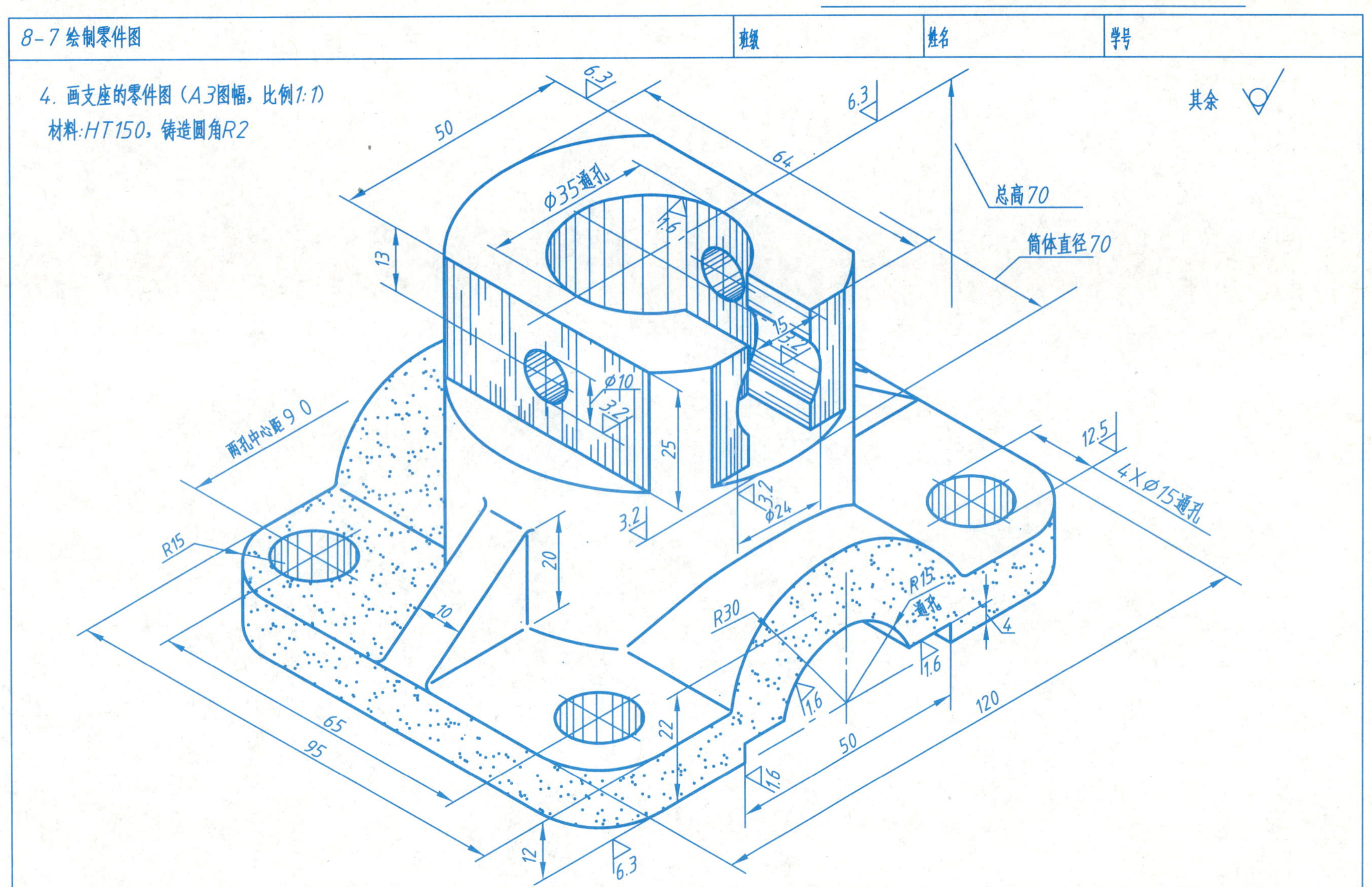

8-8 读零件图并回答问题。	班级	姓名	学号

1. 读交换齿轮轴零件图并回答问题。

(1) 该零件的名称是_____，材料是_____，比例是_____。

(2) 该零件共用了_____个图形来表达，主视图中共有_____处作了_____，并采用_____画法。另两个图形的名称是_____。

(3) 在轴的右端有一个_____孔，其大径是_____，螺孔深度是_____，旋向是_____。

(4) 在轴的左端有一个键槽，其长度是_____，深度是_____，宽度是_____，定位尺寸是_____，键槽两侧的表面粗糙度要求是_____。

(5) 尺寸$\phi 25\pm0.065$的基本尺寸是_____，最大极限尺寸是_____，最小极限尺寸是_____，公差值是_____。

(6) 图中未注倒角的尺寸是_____，未注表面粗糙度符号的表面，其Ra值是_____μm。

(7) 图中框格 | ↗ | 0.01 | A-B | 表示被测要素是_____，基准要素是_____和_____的公共轴线，位置公差项目是_____，公差值是_____。

(8) 在图上指明三个方向的尺寸基准。

(9) 若已知轴左右两段上的键槽是A型的普通平键键槽，在视图的上方绘制两键槽的局部视图。

(10) 图中的两个断面图，没有进行标注，请说明理由。

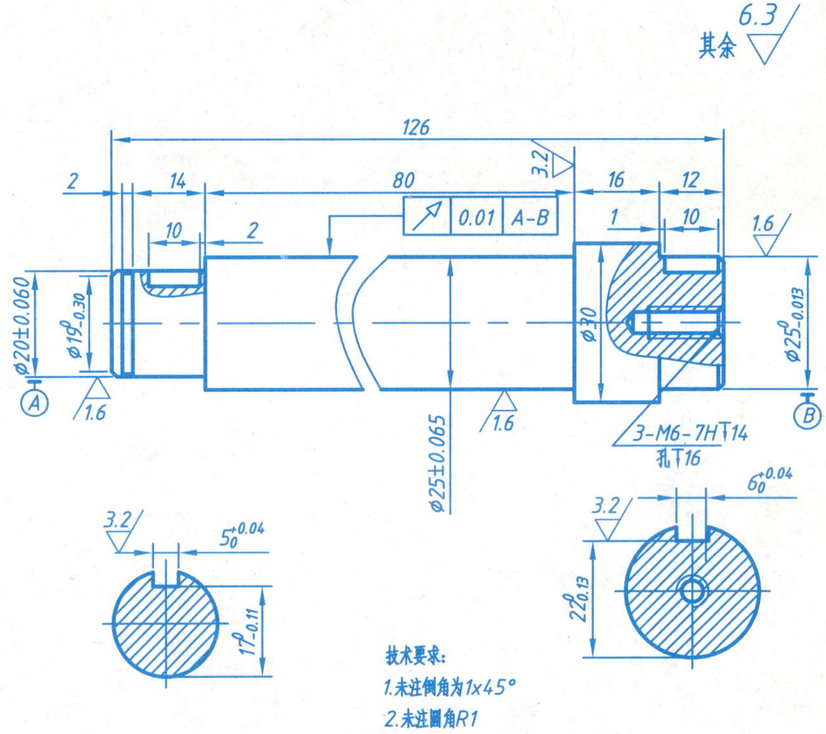

其余 6.3

126, 2, 14, 80, 3.2, 16, 12, 10, 2, 1, 10, 1.6

↗ 0.01 A-B

$\phi 20\pm0.060$　$\phi 19^{0}_{-0.30}$　$\phi 30$　$\phi 25^{0}_{-0.013}$　$\phi 25\pm0.065$

A　1.6　1.6　B

3-M6-7H↧14
孔↧16

3.2　$5^{+0.04}_{0}$　$17^{0}_{-0.11}$

3.2　$6^{+0.04}_{0}$　$22^{0}_{-0.13}$

技术要求：
1.未注倒角为1x45°
2.未注圆角R1

制图			轴	
校对				
审核				材料 45 比例 1:1

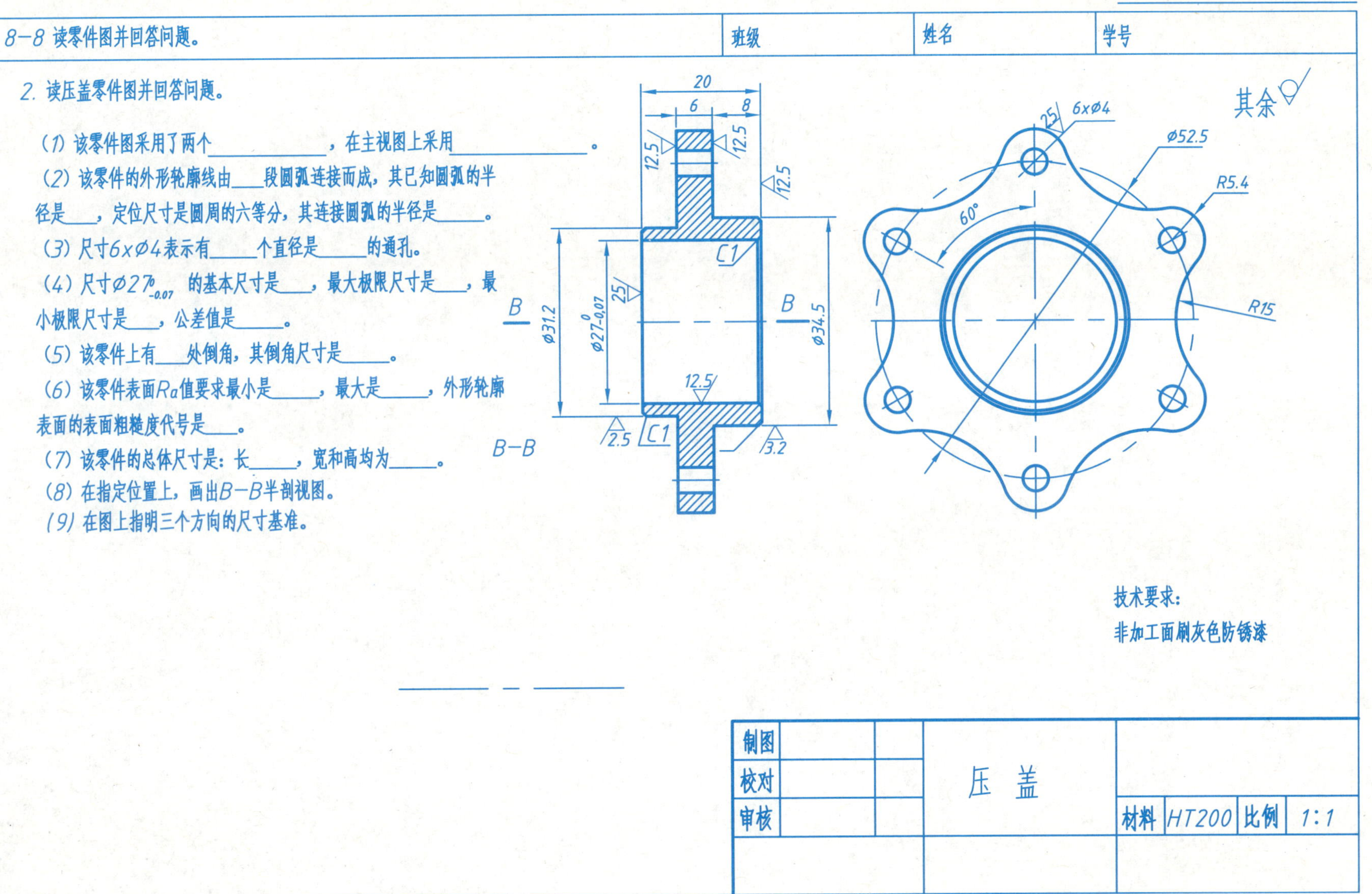

8-8 读零件图并回答问题。　　班级　　姓名　　学号

2. 读压盖零件图并回答问题。

(1) 该零件图采用了两个＿＿＿＿＿＿，在主视图上采用＿＿＿＿＿＿＿。

(2) 该零件的外形轮廓线由＿＿段圆弧连接而成，其已知圆弧的半径是＿＿，定位尺寸是圆周的六等分，其连接圆弧的半径是＿＿＿。

(3) 尺寸6x∅4表示有＿＿＿个直径是＿＿＿的通孔。

(4) 尺寸$\varnothing 27^{0}_{-0.07}$ 的基本尺寸是＿＿，最大极限尺寸是＿＿，最小极限尺寸是＿＿，公差值是＿＿＿。

(5) 该零件上有＿＿处倒角，其倒角尺寸是＿＿＿。

(6) 该零件表面Ra值要求最小是＿＿＿，最大是＿＿＿，外形轮廓表面的表面粗糙度代号是＿＿。

(7) 该零件的总体尺寸是：长＿＿＿，宽和高均为＿＿＿。

(8) 在指定位置上，画出B-B半剖视图。

(9) 在图上指明三个方向的尺寸基准。

技术要求：

非加工面刷灰色防锈漆

制图			压 盖				
校对							
审核				材料	HT200	比例	1:1

8-8 读零件图并回答问题。 班级 姓名 学号

3. 读拨叉零件图并回答问题。

（1）拨叉零件共用了_____个图形来表达形体结构，其中A-A为_________图，B向旋转为___________图。

（2）图中双点画线表示___________画法。

（3）ϕ4圆孔的定位尺寸是________，该孔的表面粗糙度为_____。

（4）$\phi 18_{0}^{0.019}$ 孔的最大极限尺寸为_____，最小极限尺寸为_____，公差为_____。

（5）图中有_____处倒角，尺寸为_____。

（6）肋板的厚度为5，端面转折处圆角为1.5，在所指位置绘制肋板的断面图。

（7）在图上指明三个方向的尺寸标注基准。

（8）指出哪些是重要的设计尺寸。

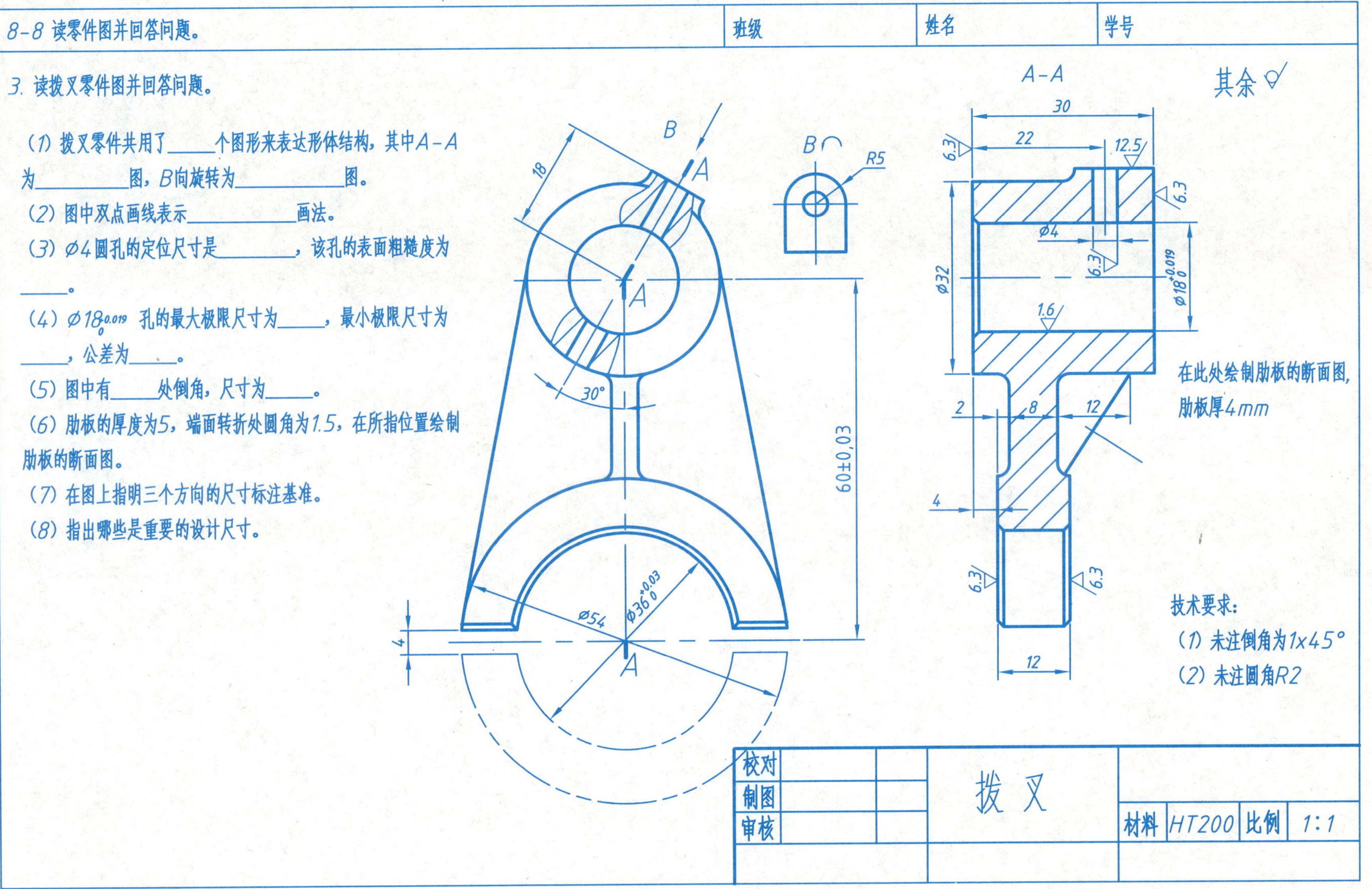

8-8 读零件图并回答问题。	班级	姓名	学号

4. 读懂支座零件图，并回答问题（见下页），并在指定位置上画出左视外形图。

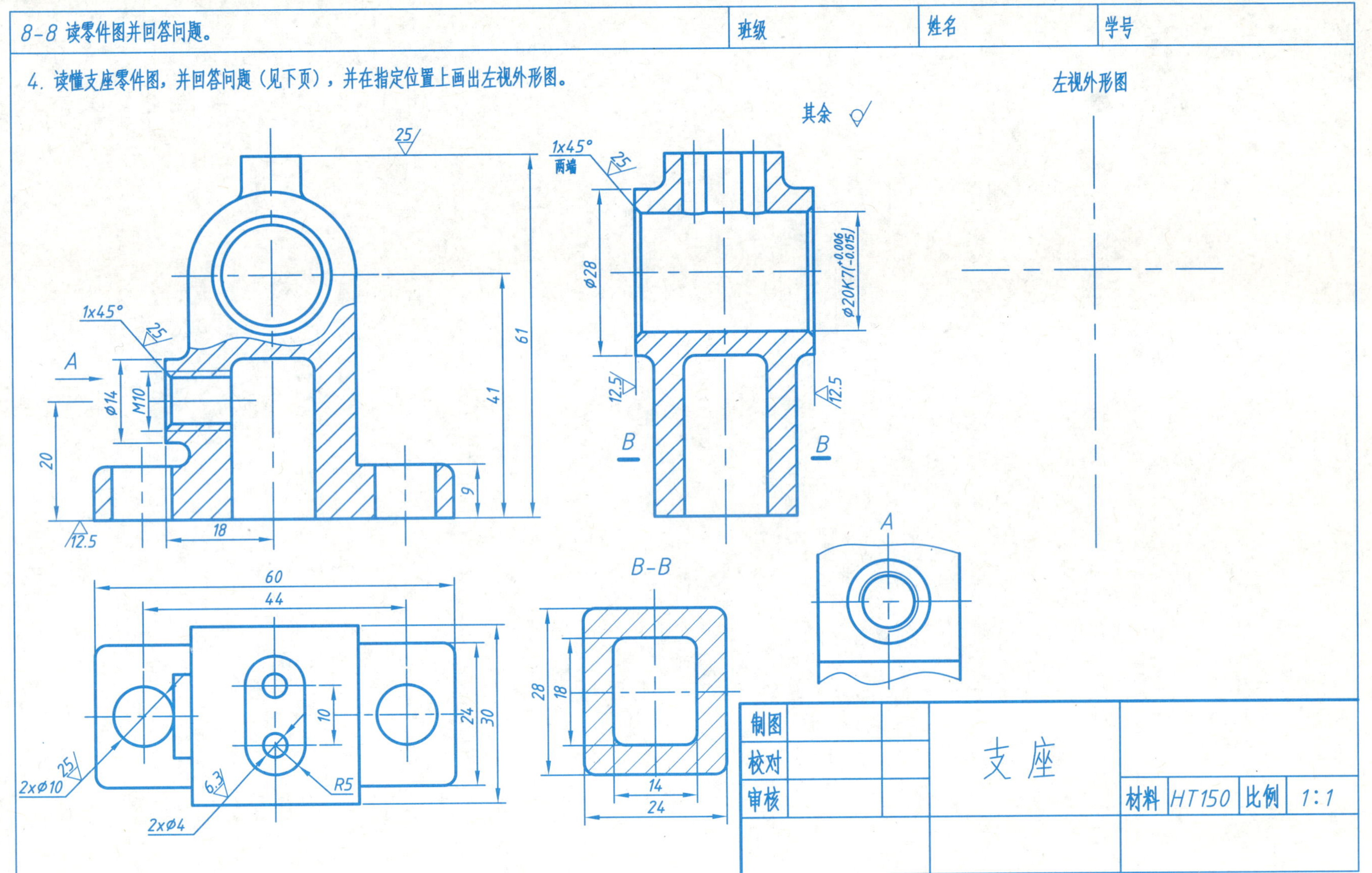

8-8 读零件图并回答问题。	班级	姓名	学号

读支座零件图，回答下列问题：

(1) 主视图属于________剖视图，它是用____________剖切平面剖切得到的。

(2) 底板上共有______个供连接用的通孔，它们的定形尺寸是____________，定位尺寸是______________，表面粗糙度为____________________。

(3) 左部螺纹代号M10表示螺纹的类型为________________，大径为____________，线数为__________，旋向为______________。

(4) 顶部凸台共有__________个通孔，它们的表面粗糙度为__________。

(5) 该零件采用了________种表面粗糙度代号，按粗糙度值从小到大排列应为______________。

(6) 试说明 $\phi 20K7(^{+0.006}_{-0.015})$ 的含义：基本尺寸为__________，最大极限尺寸为__________，最小极限尺寸为____________，上偏差为____________，下偏差为____________，公差为____________，公差带代号为__________，其中基本偏差代号为__________，其值为____________，标准公差等级代号为____________，其值为____________。

(7) HT150是材料的代号，其含义是____________。

8-8 读零件图并回答问题	班级	姓名	学号

5. 读懂齿轮油泵泵体零件图，回答问题（见下页），并在指定位置上画出主视外形图。

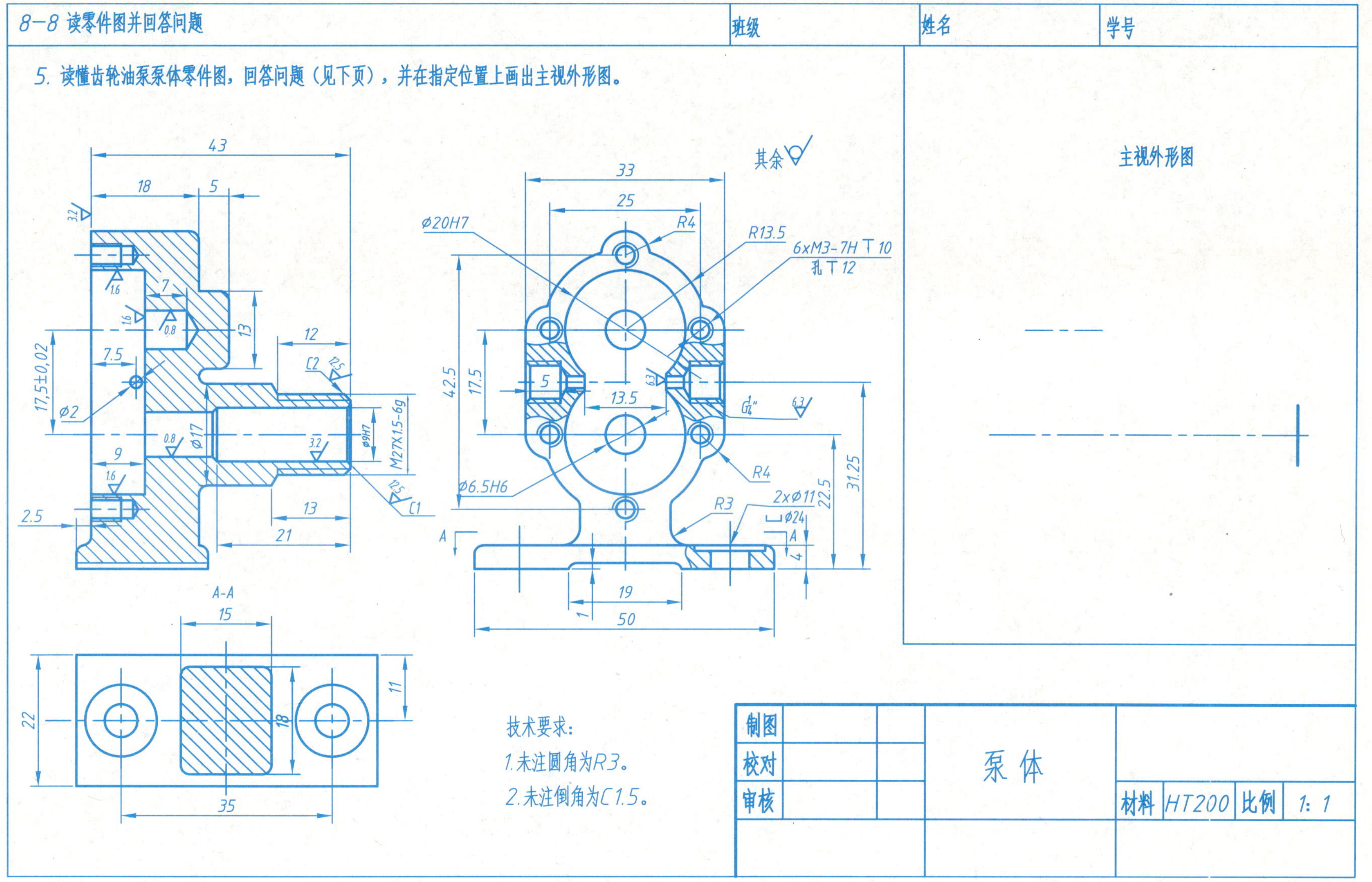

8-8 读零件图并回答问题。	班级	姓名	学号

读齿轮油泵泵体的零件图，回答下列问题：

(1) 主视图为________剖视图，它是沿机件的____________平面剖切得到的。左视图中，采用两个__________________表达进、出油口的情况。

(2) 在图中标出长、宽、高三个方向的主要尺寸基准。

(3) 左侧面板上共有______个供连接用的螺纹孔，它们的定形尺寸是____________，定位尺寸是______________，表面粗糙度为____________________。

(4) 右部螺纹代号 M27x1.5 −6g表示螺纹的类型为________________，大径为____________，线数为__________，旋向为______________。

(5) 试说明表面粗糙度 12.5▽ 的含义：____

(6) 该零件采用了________种表面粗糙度代号，按粗糙度值从小到大排列应为____

(7) 试说明 ⌀9H7 的含义：基本尺寸为________，最大极限尺寸为__________，最小极限尺寸为___________，上偏差为__________，下偏差为__________，公差为___________，公差带代号为__________，其中基本偏差代号为__________，其值为___________，标准公差等级代号为___________，其值为____________。

(8) HT200是泵体材料的代号，其含义是____________________________________。

9-1 螺纹紧固件	班级	姓名	学号

1. 分析螺栓连接视图中的错误，将正确视图画在右边。

2. 分析螺钉连接视图中的错误，将正确视图画在右边。

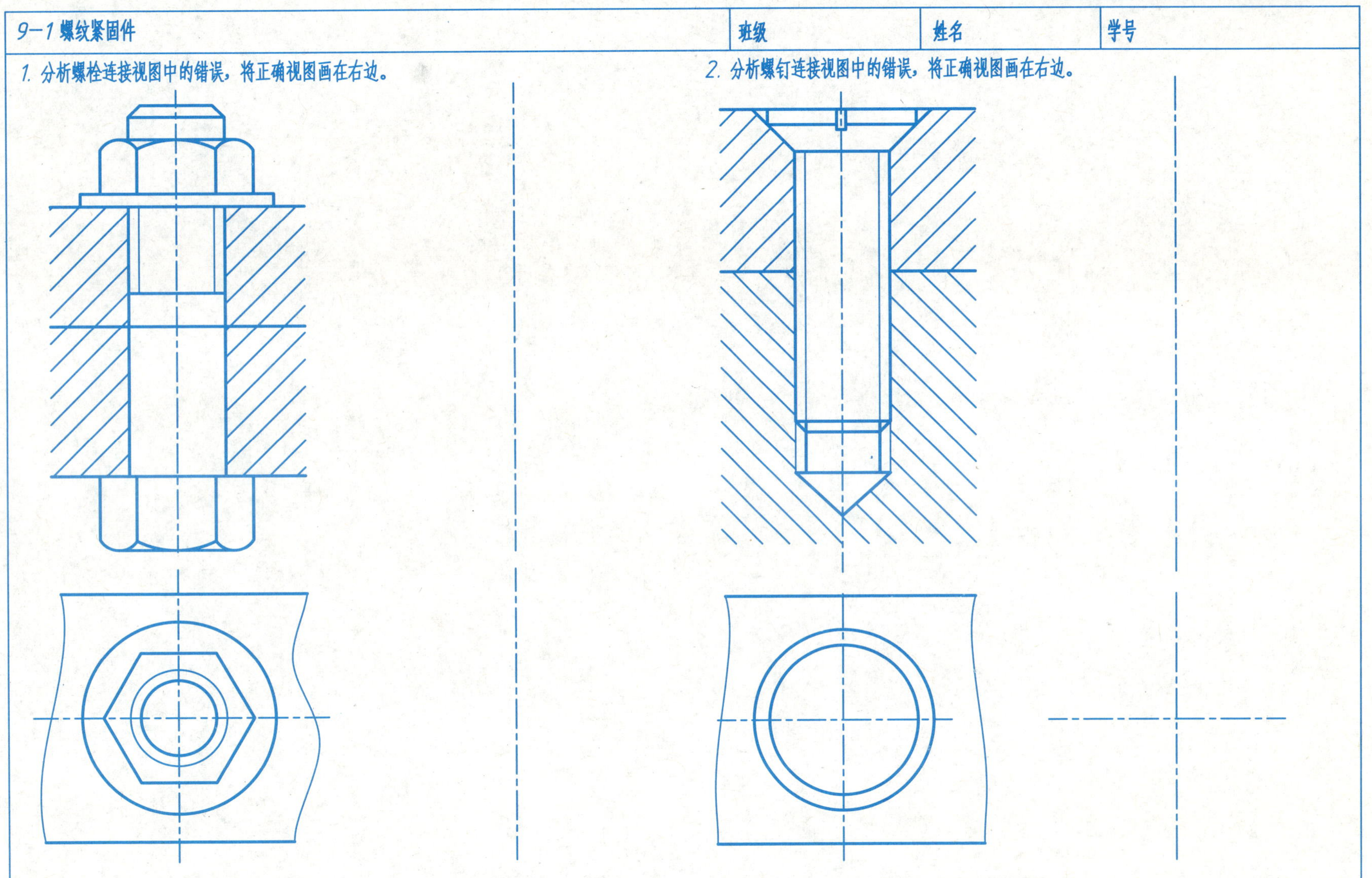

9-1 螺纹紧固件	班级	姓名	学号

3. 已知双头螺柱M16（GB/T899-1988），螺母M16（GB/T41-2000），平垫圈16（GB/T95-1985），被连接件厚度如图所示，用比例画法绘出螺柱连接的主、左视图（采用简化画法画图，主视图用全剖视图，左视图为外形图）。

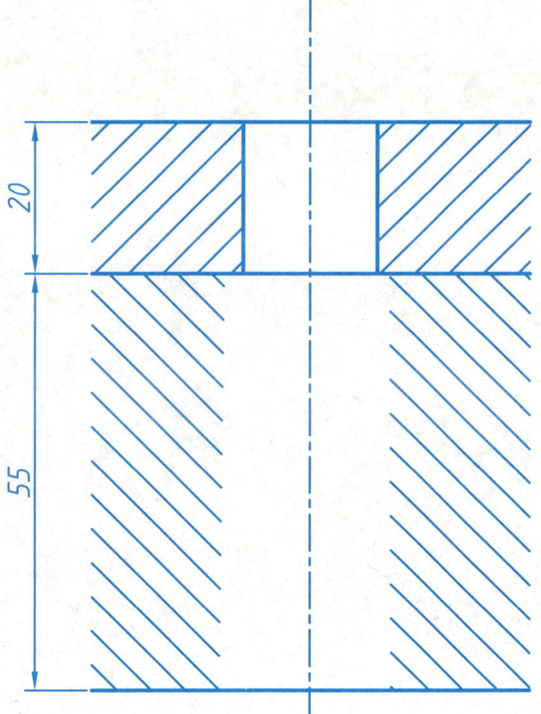

9-1 螺纹紧固件	班级	姓名	学号

4. 已知螺栓M16（GB/T5782-2000），螺母M16（GB/T6170-2000），平垫圈16（GB/T95-1985），被连接件上板厚为15mm，下板厚为20mm，绘出螺栓连接的三视图。（采用比例法并简化画法，主视图用全剖视图，左视图为外形图，绘图比例为1：1）

9-2 键与销	班级	姓名	学号

画出轴$\phi 28$处键槽的移出断面图，并由表中查出轴和齿轮孔的键槽尺寸，标注在图上。

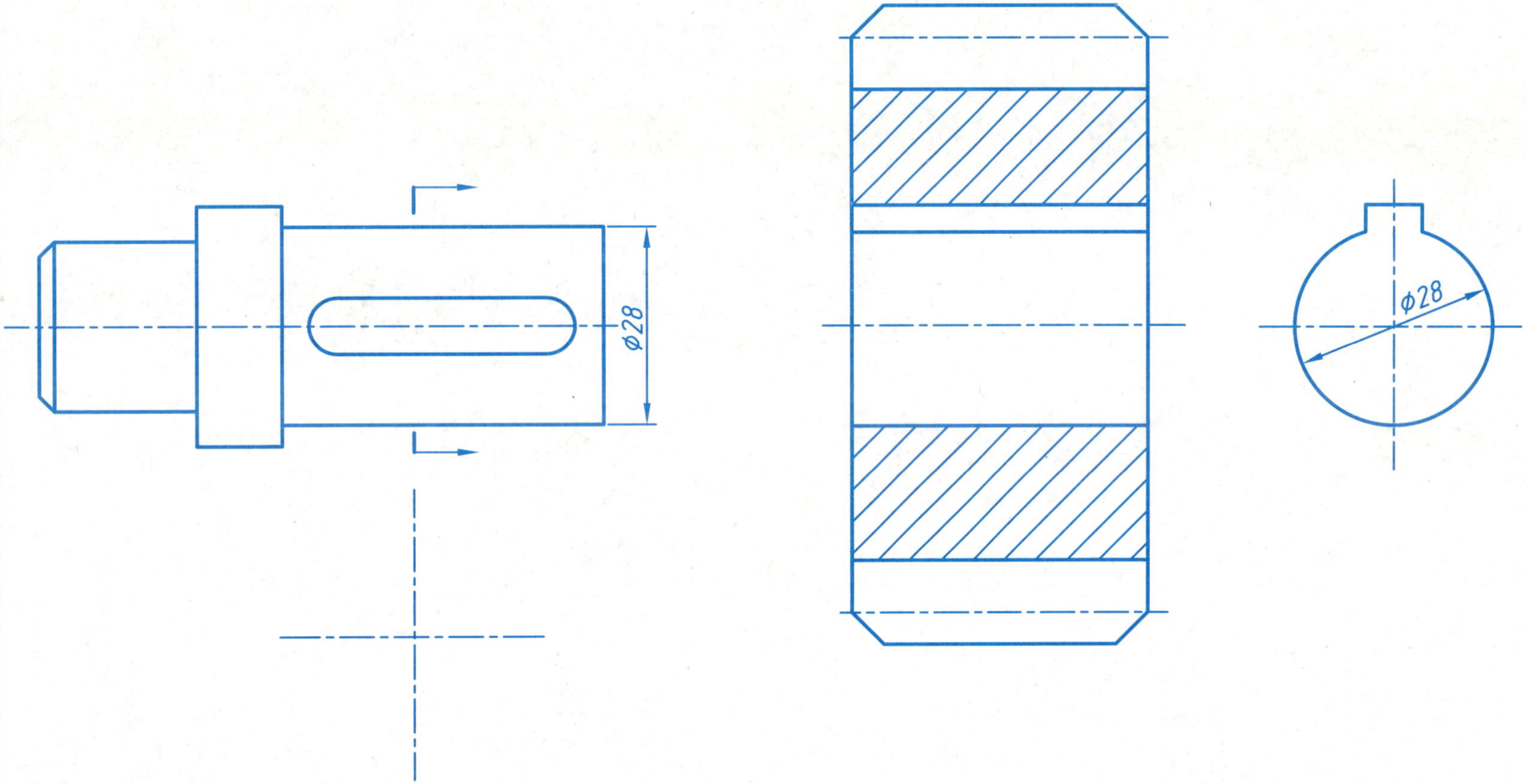

$\phi 28$

$\phi 28$

9－3 齿轮	班级	姓名	学号

1. 已知直齿圆柱齿轮$m=3$，$z=25$，轮齿结构如图，试计算齿轮各直径d、d_a、d_f的值，按比例1∶1完成两视图轮齿部分的投影图，并标注有关尺寸。

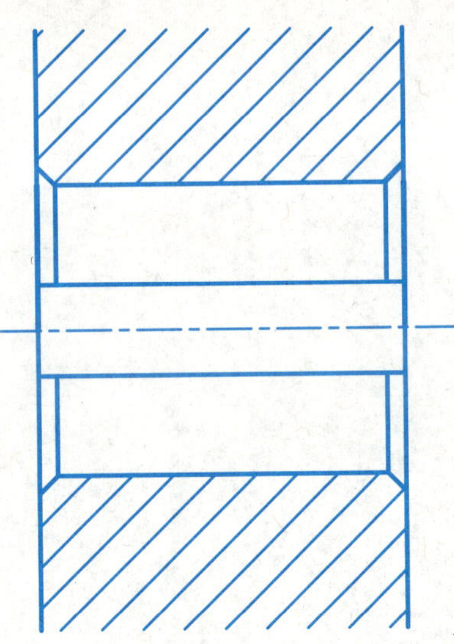

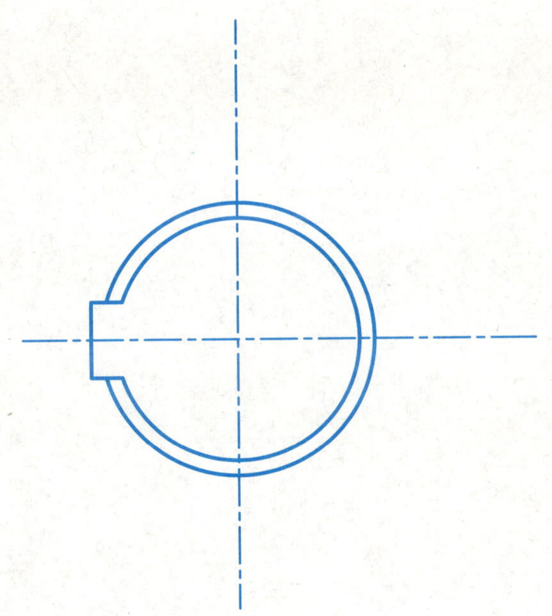

9-3 齿轮	班级	姓名	学号

2. 已知大齿轮$m=4$，$z=40$，两轮中心距为120mm，计算大、小齿轮的主要尺寸，并完成啮合图。(比例1:2)

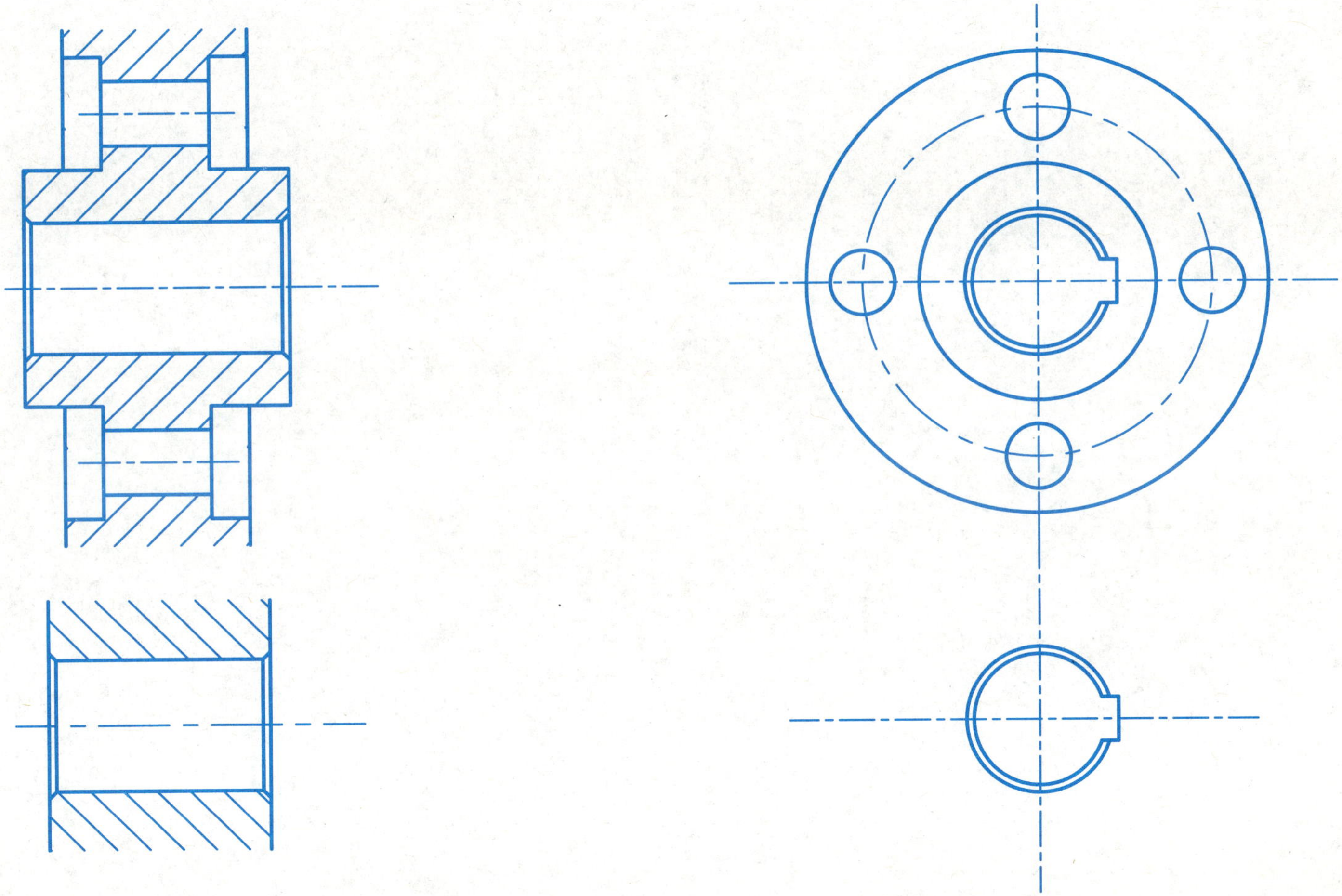

9-4 轴承、弹簧	班级	姓名	学号

1. 已知轴支撑处的直径为$\phi 20mm$，分别用规定画法和简化画法画出轴和轴承的装配图。轴承 6204 GB/T276-1994

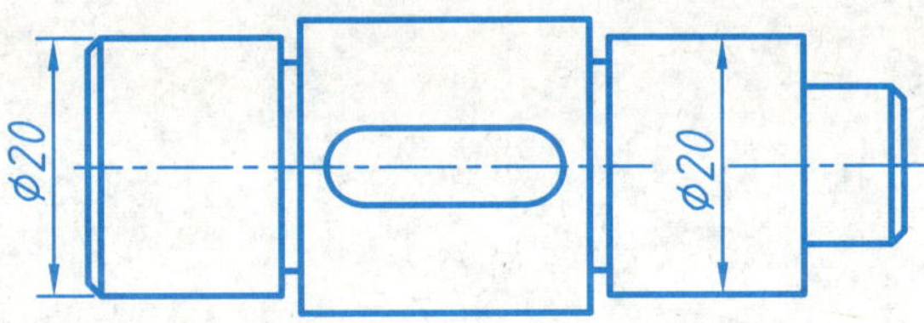

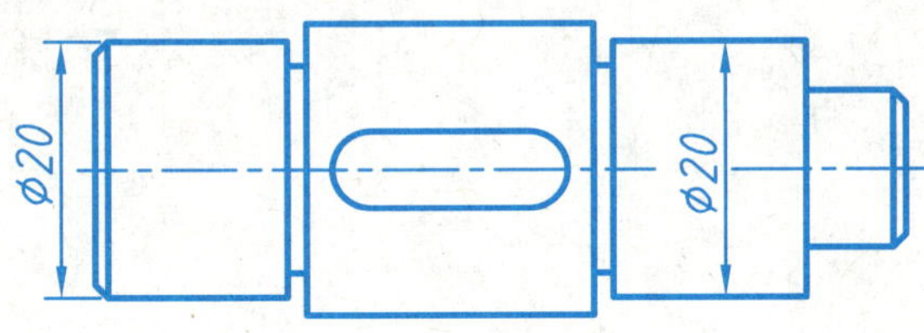

2. 已知：圆柱螺旋压缩弹簧钢丝直径为$d=6mm$，弹簧径为46mm，节距为12mm，弹簧的有效圈数为6圈，支承圈为2.5，右旋，画出弹簧的全剖视图，并标注尺寸。

9-5 说明下列标记的含义。	班级	姓名	学号

1. 螺纹紧固件

螺栓 GB/T 5782-2000 M16x90	
螺柱 GB/T 897-1988 AM12x50	
螺钉 GB/T 65-2000 M12x60	
螺钉 GB/T 68-2000 M12x70	
螺钉 GB/T 71-1985 M12x60-14H	
螺母GB/T 41-2000 M16	
螺母GB/T 6170-2000 M16	
螺母GB/T 70.1-2000 M12x50	
垫圈 GB/T 97.1-2002 -16	
垫圈 GB/T 93-1987 -16	

9-5 说明下列标记的含义。	班级	姓名	学号

2. 其他的标准件和常用件

键 18x100 GB/T 1096-2003	
键 6x25 GB/T 1099.1-2003	
键 10x40 GB/T 1565-2003	
销 GB/T117-2000 A12x40	
销 GB/T 119.1 10m6x30	
销 GB/T 91 12x45	
轴承 6210 GB/T276-1994	
轴承 6310 GB/T276-1994	
轴承 30306 GB/T297-1994	
轴承 51306 GB/T301-1994	

10-1 根据零件图画装配图。	班级	姓名	学号

根据零件图绘制装配图作业指导

1.目的与要求

通过由零件图拼画装配图，掌握装配图的绘制方法和技巧。

2.内容和格式

根据钻模和气阀的零件图，分别绘制它们的装配图，比例和图幅根据具体尺寸适当选取。除视图外，装配图的另4个内容都必须具备。

3.绘图步骤与注意事项

(1) 绘图前应掌握各零、部件之间的装配关系，确定表达方法。

(2) 绘图前应合理布局，留下绘制标题栏与零件明细表的空位。

(3) 按绘制装配图的惯例先画较大的主体零件，然后再绘制其他次要的、细小的零件。绘制应注意某一零件在各视图中剖面符号的方向和间隔一致。绘制螺纹紧固件时推荐采用比例画法。

(4) 标注必要的尺寸，不是所有零件的外形尺寸都需标注。绘制零、部件序号，注意排列整齐、方向一致。

(5) 检查校核，装配图图形复杂，线条多，很容易出现遗漏或错误，同时特别注意视图上各细节部分的投影是否表达完整。

1. 根据钻模的零件图绘制其装配图。

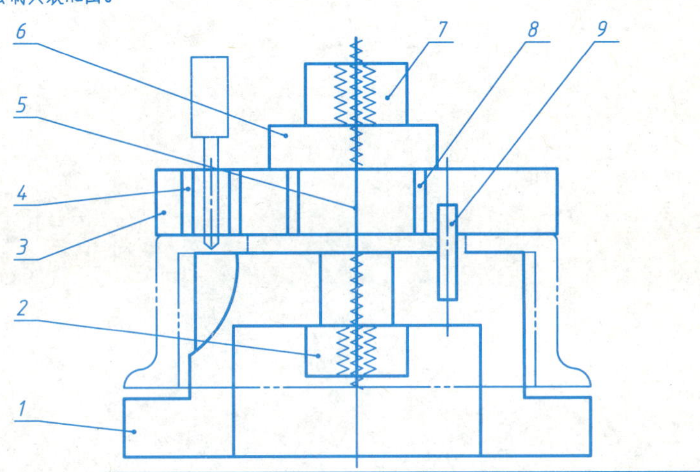

钻模是为批量生产的零件上钻孔用的专用模具，利用钻模可以达到准确定位、快速钻孔，从而提高生产效率的目的。当旋转特制螺母7时，可取下开口垫圈6，接着拿下钻模板3后，就可取出被加工零件，从而起到快速装卸工件的作用。

序号	名称	数量	材料	备注
9	销 A∅5×28	1	40	GB/T119-2000
8	衬套	1	45	
7	特制螺母	1	Q235	
6	开口垫圈	1	Q235	
5	轴	1	45	
4	钻套	3	70	
3	钻模板	1	45	
2	螺母 M16	1	Q235	GB/T6170-2000
1	底座	1	HT150	

钻模		比例		
		共 张	第 张	
制图				
审核				

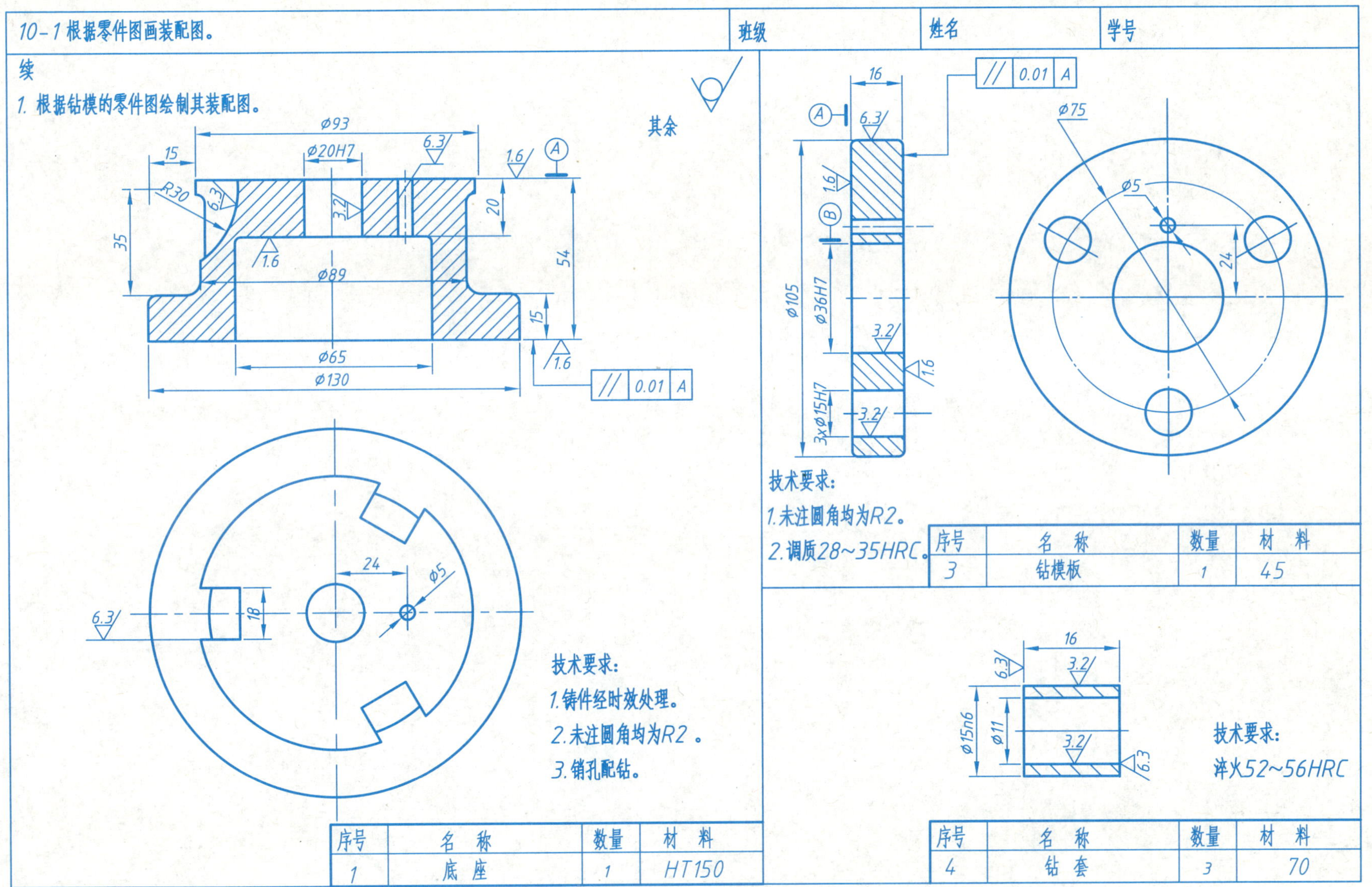
10－1 根据零件图画装配图。
班级
姓名
学号
续
1. 根据钻模的零件图绘制其装配图。
其余
技术要求：
1.铸件经时效处理。
2.未注圆角均为R2 。
3.销孔配钻。
序号 | 名 称 | 数量 | 材 料
1 | 底 座 | 1 | HT150
技术要求：
1.未注圆角均为R2。
2.调质28~35HRC。
序号 | 名 称 | 数量 | 材 料
3 | 钻模板 | 1 | 45
技术要求：
淬火52~56HRC
序号 | 名 称 | 数量 | 材 料
4 | 钻 套 | 3 | 70

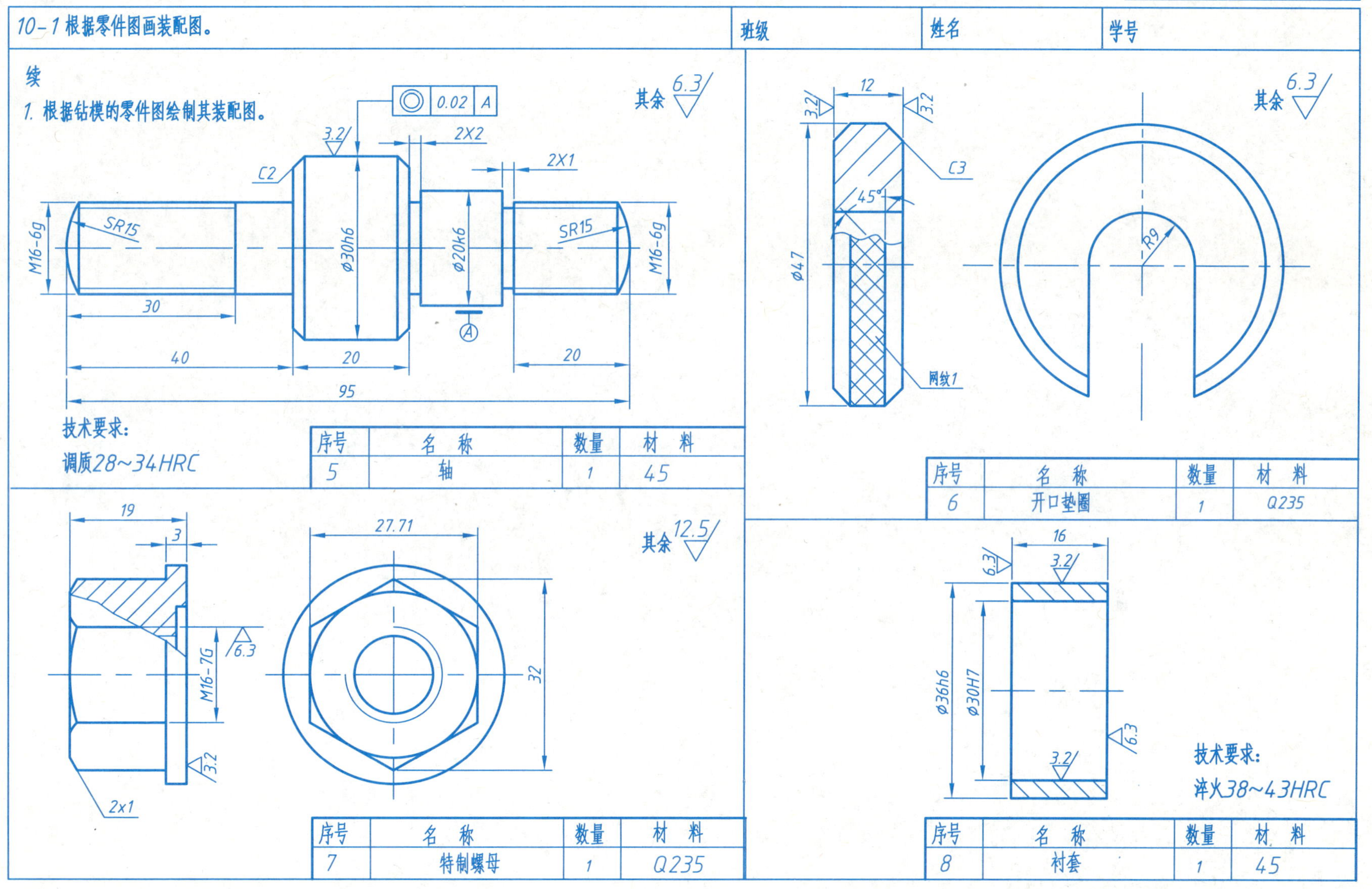

序号	名 称	数量	材 料
5	轴	1	45

序号	名 称	数量	材 料
6	开口垫圈	1	Q235

序号	名 称	数量	材 料
7	特制螺母	1	Q235

序号	名 称	数量	材 料
8	衬套	1	45

10-1 根据零件图画装配图。	班级	姓名	学号

2. 根据气阀的零件图绘制其装配图。

如下图为气阀的装配示意图，气阀由9个零件装配而成。1~7为非标准件，零件图在后页。9号件为螺母（M8 GBT6170-2000），8号件为垫圈 8（GB/T97.1-2002）。据此绘制出气阀的装配图。

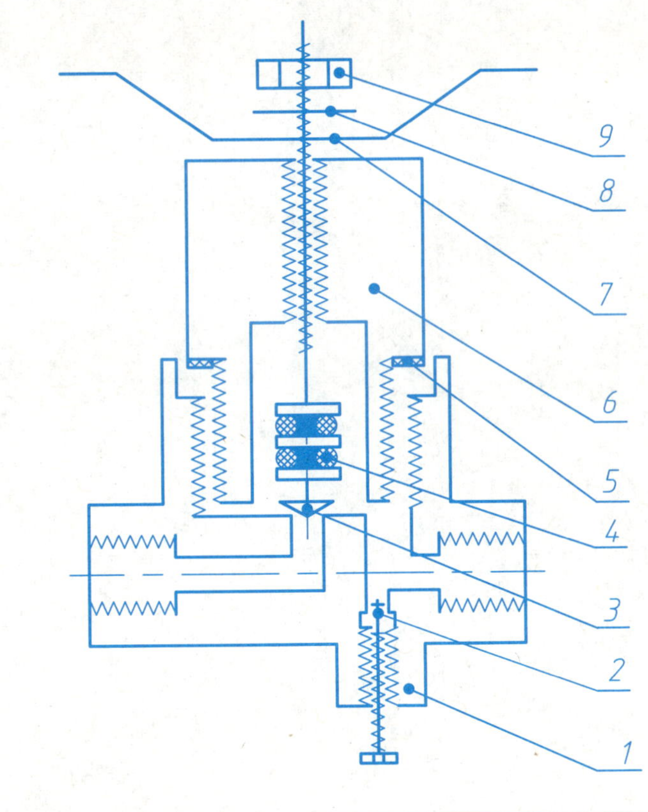

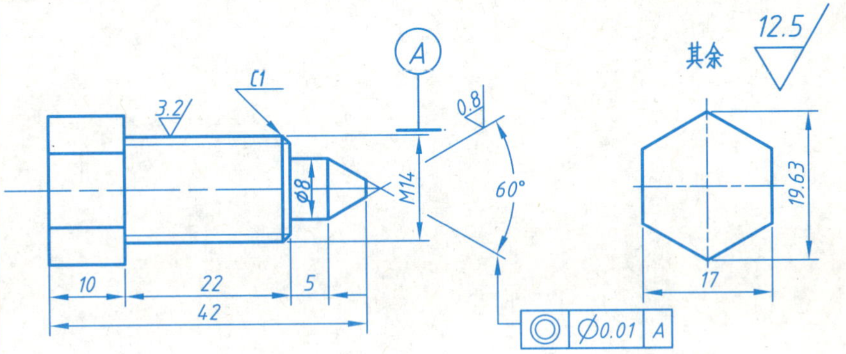

技术要求：

顶尖表面淬硬42~48HRC。

序号	名 称	数量	材 料
2	卸压螺钉	1	45

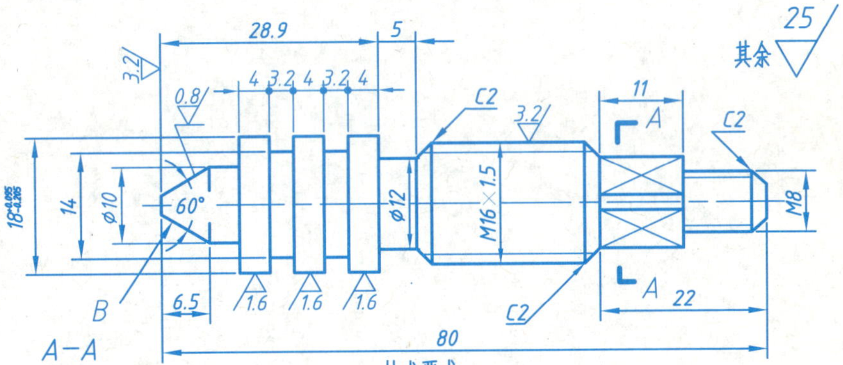

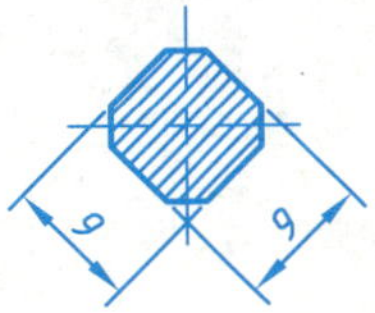

技术要求：

1. B端淬硬42~48HRC。
2. 装O形盘根处表面粗糙度为3.2。

序号	名 称	数量	材 料
3	锁紧螺杆	1	45

10-1 根据零件图画装配图。	班级	姓名	学号

续

2. 根据气阀的零件图绘制其装配图。

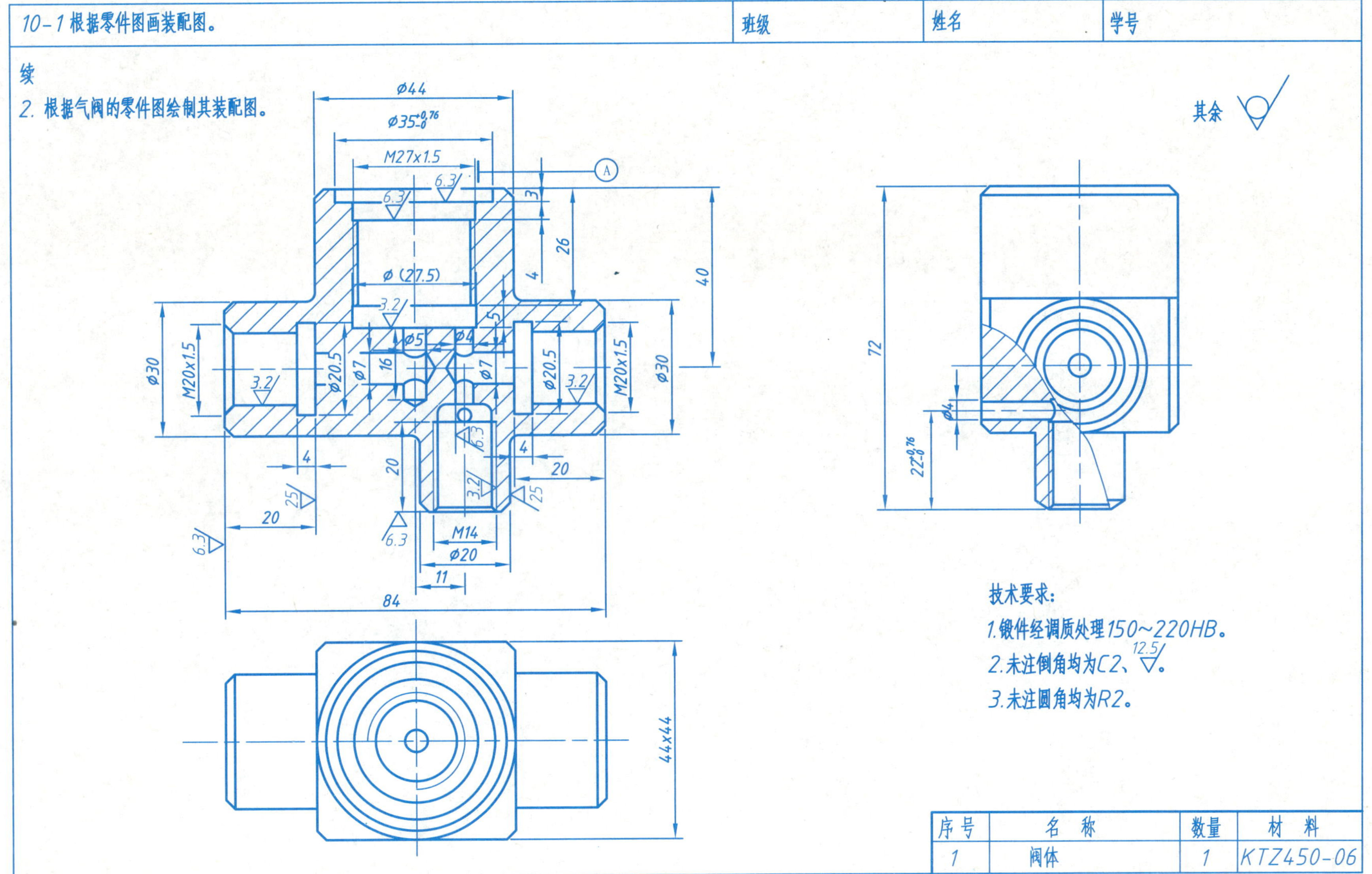

技术要求：

1.锻件经调质处理150～220HB。

2.未注倒角均为C2、$\overset{12.5}{\nabla}$。

3.未注圆角均为R2。

序号	名　称	数量	材　料
1	阀体	1	KTZ450-06

10-1 根据零件图画装配图。　班级　姓名　学号

续

2. 根据气阀的零件图绘制其装配图。

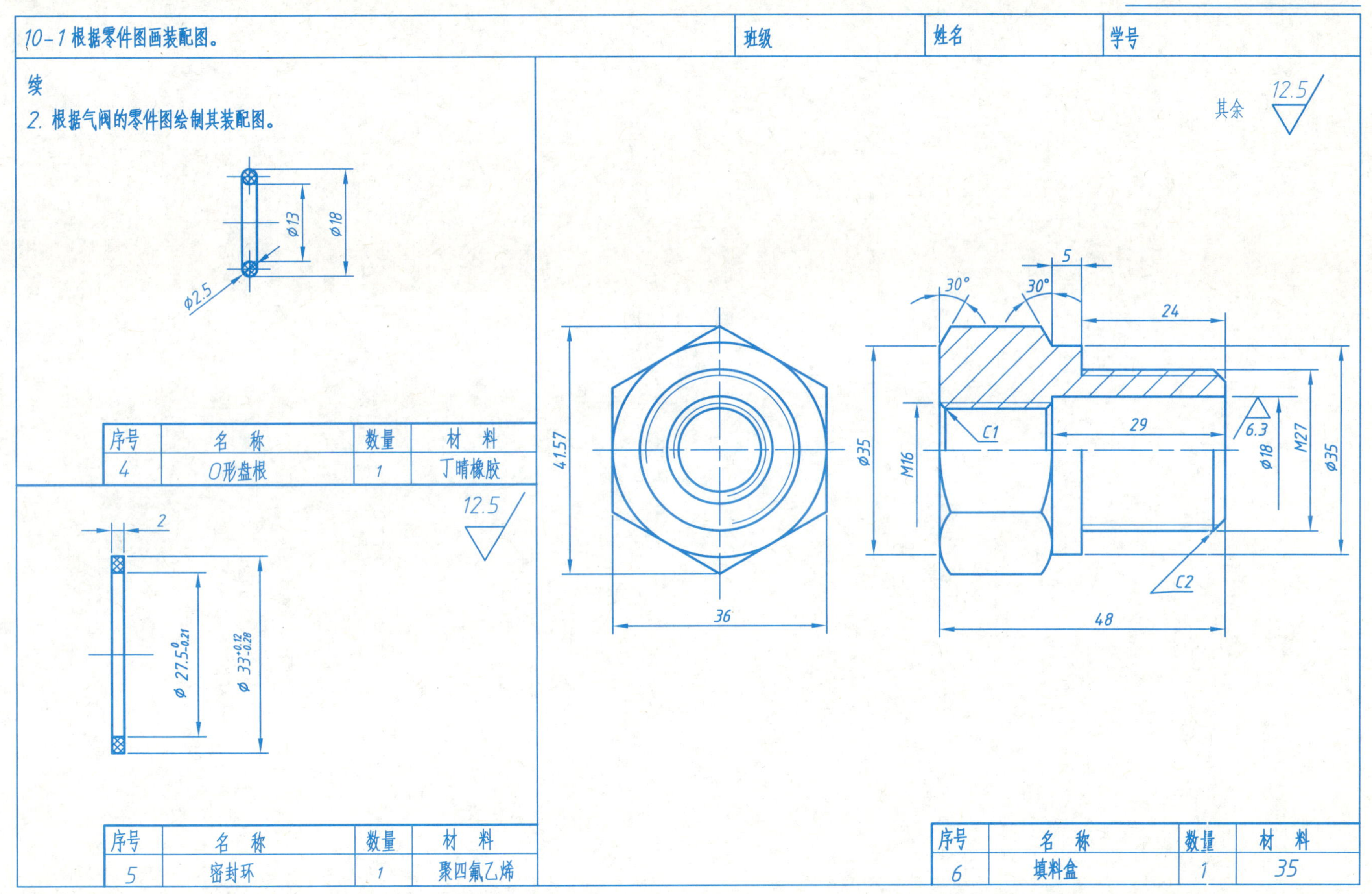

序号	名　称	数量	材　料
4	O形盘根	1	丁晴橡胶

序号	名　称	数量	材　料
5	密封环	1	聚四氟乙烯

序号	名　称	数量	材　料
6	填料盒	1	35

10—1 根据零件图画装配图。	班级	姓名	学号

续

2. 根据气阀的零件图绘制其装配图。

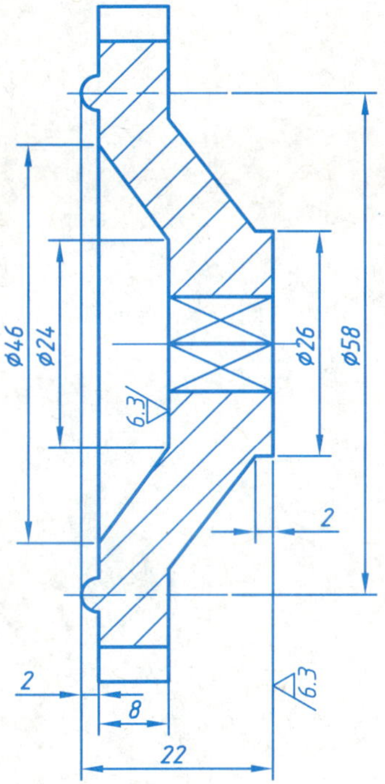

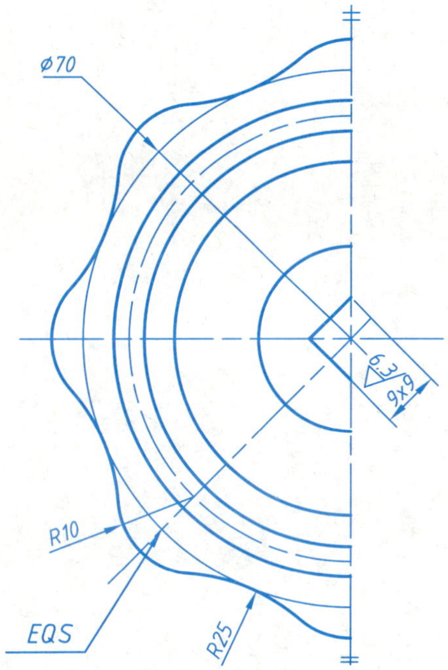

其余

Ø46 Ø24 Ø26 Ø58 6.3 2 2 8 22 6.3

Ø70 6.3 9x9 R10 EQS R25

技术要求：

1.未注圆角为R1~R1.5。

2.涂灰色防锈漆。

序号	名 称	数量	材 料
7	手 轮	1	HT150

10-2 看装配图	班级	姓名	学号

1. 看管钳的装配图，指出装配图中所标序号附近的错误：

管钳的工作原理是：旋转8号件手柄，在矩形螺纹的作用下，带动6号件螺杆上下移动，螺杆带动上钳口4上下移动，夹紧和松开物体。

Ⅰ__________ Ⅱ__________

Ⅲ__________ Ⅳ__________

Ⅴ__________ Ⅵ__________

Ⅶ__________ Ⅷ__________

Ⅸ__________ Ⅹ__________

还有否在装配图中没表达清楚的内容或不当之处：

还有否应标注的尺寸：

10	GB/T6170-2000	螺 母M8	1		
9	01.09	手柄球	2	A3	
8	01.08	手 柄	1	45	
7	01.07	压 板	1	A3	
6	01.06	螺 杆	1	45	
5	01.05	导 杆	1	45	
4	01.04	上钳口	1	A3	
3	01.03	下钳口	1	45	
2	GB/T 67-2000	螺 钉M6x12	2		
1	01.01	钳 座	1	HT250	
序号	代 号	名 称	数量	材料	备注

管 钳		比例 1:1	
		共 张	第 张
制图			
审核			

10-2 看装配图	班级	姓名	学号

续

1. 指出装配图中的错误。

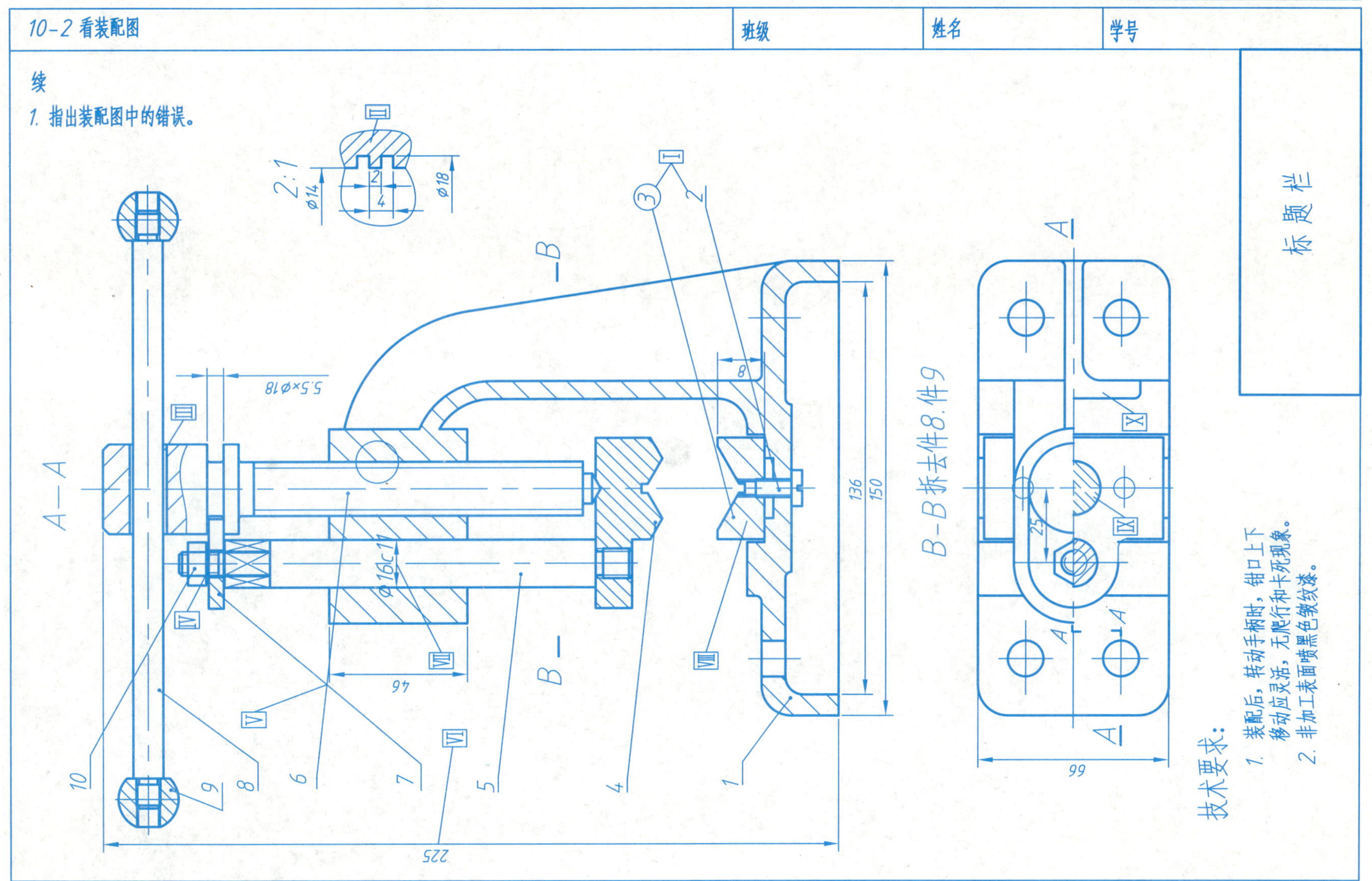

10-2 看装配图	班级	姓名	学号

2. 读蝴蝶阀装配图并回答问题。

(1) 蝴蝶阀由________种零件装配而成，其中件号为________是标准件，件号为________是常用件。

(2) 蝴蝶阀采用____个基本视图表达。在主视图上采用两个局部剖，用于表达____________。在主视图上采用A－A全剖，主要表达了________。左视图采用全剖，主要表达____________。

(3) 140、158和66是________尺寸，92、$\phi12$是________尺寸，$\phi16\frac{H7}{h6}$、$\phi20$是________尺寸，20±0.04是________尺寸，$\phi30$________尺寸。

(4) 对尺寸$\phi20\frac{H8}{f8}$，$\phi20$是指________，H是指________，f是指________，8是指________，该配合采用________制，是________配合。

(5) 如果要拆下4号件阀杆，拆卸顺序为________________。

(6) 11号件螺钉的作用是________________；12号件的垫片作用是____________。

(7) 8号件是半圆键，可不可以采用平键，说明理由：________________。

(8) 如果阀门转动不灵活，解决的方法有________________。

(9) 蝴蝶阀的工作原理为____。

(10) 拆画零件图的注意事项：

(11) 拆画1号件阀体的零件图。

10-2 看装配图	班级	姓名	学号

（续）

2. 读蝴蝶阀装配图并回答问题。

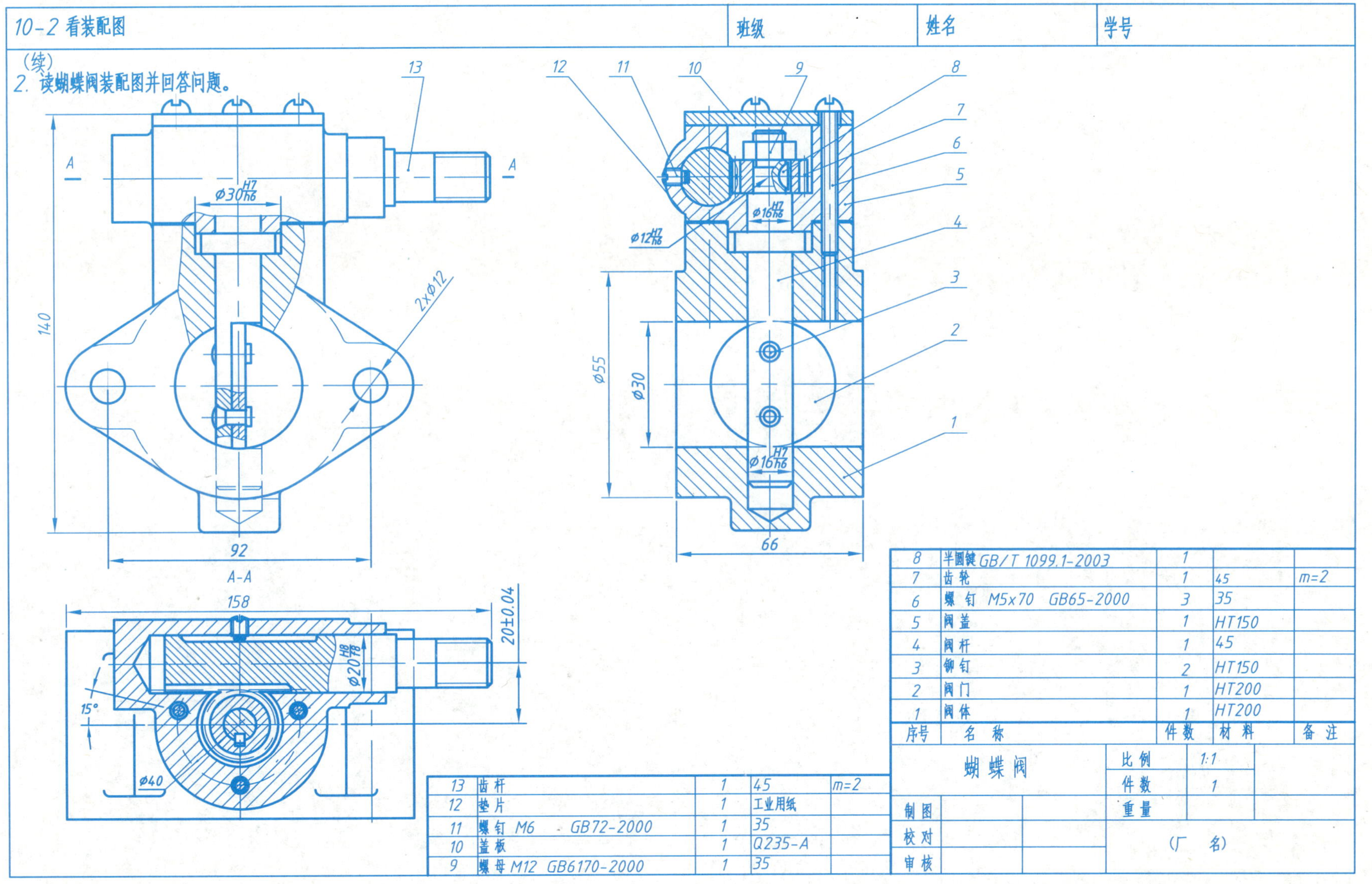

序号	名称	件数	材料	备注
8	半圆键 GB/T 1099.1-2003	1		
7	齿轮	1	45	m=2
6	螺钉 M5×70 GB65-2000	3	35	
5	阀盖	1	HT150	
4	阀杆	1	45	
3	铆钉	2	HT150	
2	阀门	1	HT200	
1	阀体	1	HT200	

序号	名称	件数	材料	备注
13	齿杆	1	45	m=2
12	垫片	1	工业用纸	
11	螺钉 M6 GB72-2000	1	35	
10	盖板	1	Q235-A	
9	螺母 M12 GB6170-2000	1	35	

蝴蝶阀		比例	1:1
		件数	1
制图		重量	
校对		（厂 名）	
审核			

10-2 看装配图	班级	姓名	学号

3. 读微动机构装配图，并拆画零件图

(1) 该微动机构由________种零件装配而成，其中件号为________________是标准件。"紧定螺钉 GB/T71—1985 M6 × 12" 的含义是________________________。

(2) 主视图采用了________剖，表达了微动机构的________________；C—C剖视图表达的重点是____________。B—B断面图主要表达微动机构的________________。

(3) 190~200是________尺寸，M12×1是________尺寸，82、22是________尺寸，36是________尺寸，$\phi20\frac{H8}{f7}$、$\phi30\frac{H8}{k7}$是________尺寸，采用$\phi20\frac{H8}{f7}$尺寸的两机件是________配合，采用$\phi30\frac{H8}{k7}$ 尺寸的两机件是________配合。

(4) 2号件的作用是________________________，7号件的作用是________________________。

(5) 11号件的作用是________________________。它现在的位置________恰当，因为________________________。

(6) 该微动机构的工作原理：____。如果1号件转动一圈，10号件移动的距离为________。

(7) 在A3图纸上拆画8号件的零件图。

序号	名称	件数	材料	备注
12	键8x16	1	45	
11	螺钉M3x1	1	Q235	GB/T67—2000
10	导杆	1	45	
9	导套	1	45	
8	支座	1	ZL103	
7	紧定螺钉M6x12	1	Q235	GB/T71—1985
6	螺杆	1	45	
5	轴套	1	45	
4	紧定螺钉M3x8	3	Q235	GB/T71—1985
3	垫圈	1	Q235	GB/T97—2002
2	紧定螺钉M5x8	1	Q235	GB/T71—1985
1	手轮	1	酚醛塑料	JB1352—1973

微动机构		比例		(图样代号)
		件数		
制图	(签名)	(年月日)	重量	共 张 第 张
描图			(学校名称)	
审核				

10-2 看装配图	班级	姓名	学号

（续）

3. 读微动机构装配图，并拆画零件图。

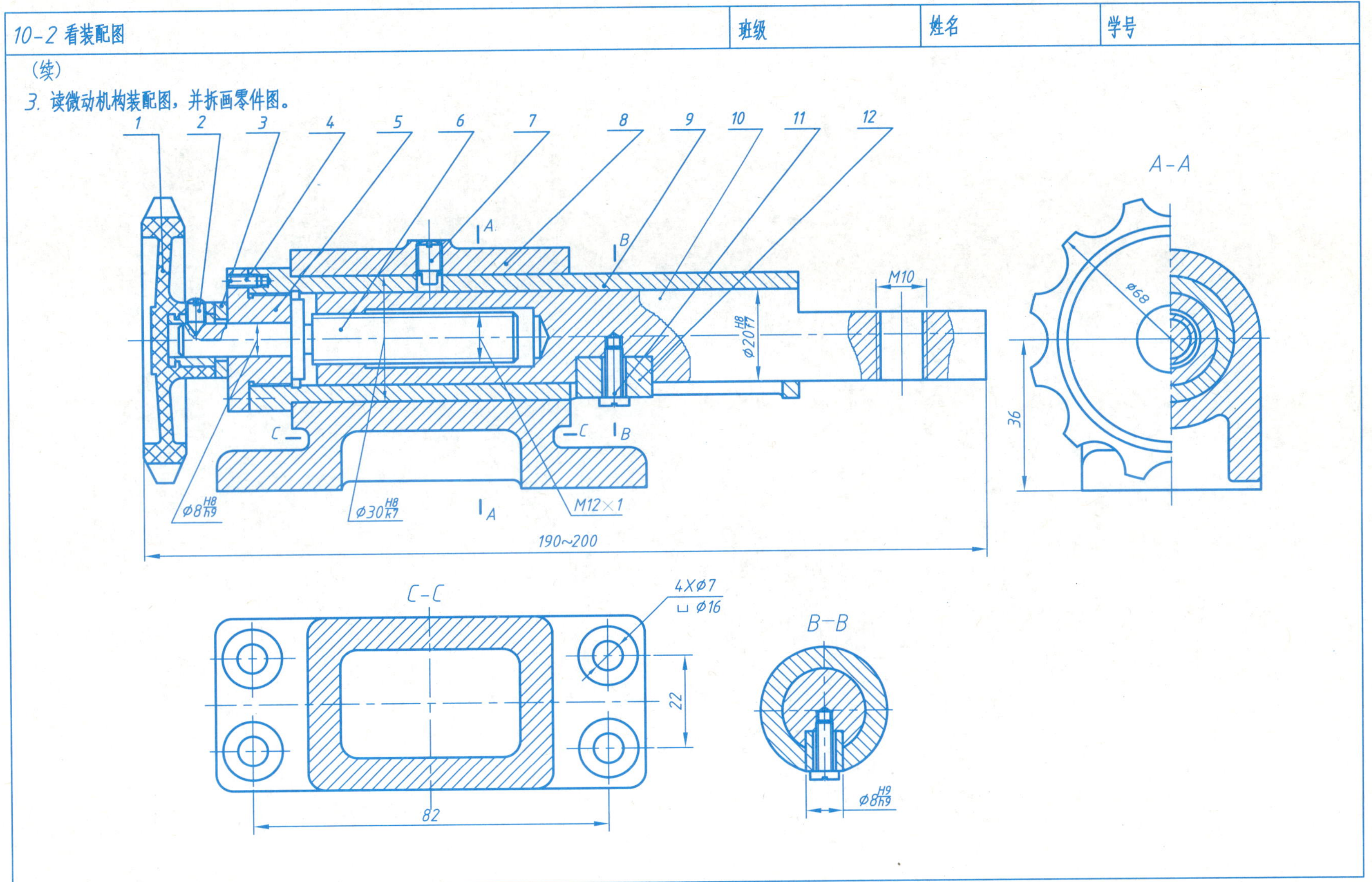

10-2 看装配图	班级	姓名	学号

4. 读节水阀装配图，并拆画零件图。

(1) 该节水阀由______种零件装配而成，其中件号为______是常用件。"M30x1.5-6H/6g"的含义是______。

(2) 主视图采用了______剖，表达了节水机构的______；A—A剖视图表达的重点是______。B向主要表达节水阀的______。

(3) 116、56是______尺寸，⌀11是______尺寸，M16x1-7H/6f是______尺寸，G1/2是______尺寸，其含义是______。$\frac{?12}{?24}$ 是______尺寸，其含义是______。

(4) 该节水阀的工作原理：______。

(5) 拆画6号件的零件图。

序号	代号	名称	件数	材料	备注
7	01.07	旋塞	1	30	
6	01.06	管接头	1	30	
5	01.05	弹簧1x12x26	1	50	n=7,n1=11
4	01.04	阀球	1	45	
3	01.03	阀体	1	HT250	
2	01.02	塞子	1	30	
1	01.01	杆	1	30	

节水阀		比例	1:1
		件数	1
制图		重量	
校对		(厂 名)	
审核			

10-2 看装配图	班级	姓名	学号

（续）

4. 读节水阀装配图，并拆画零件图。

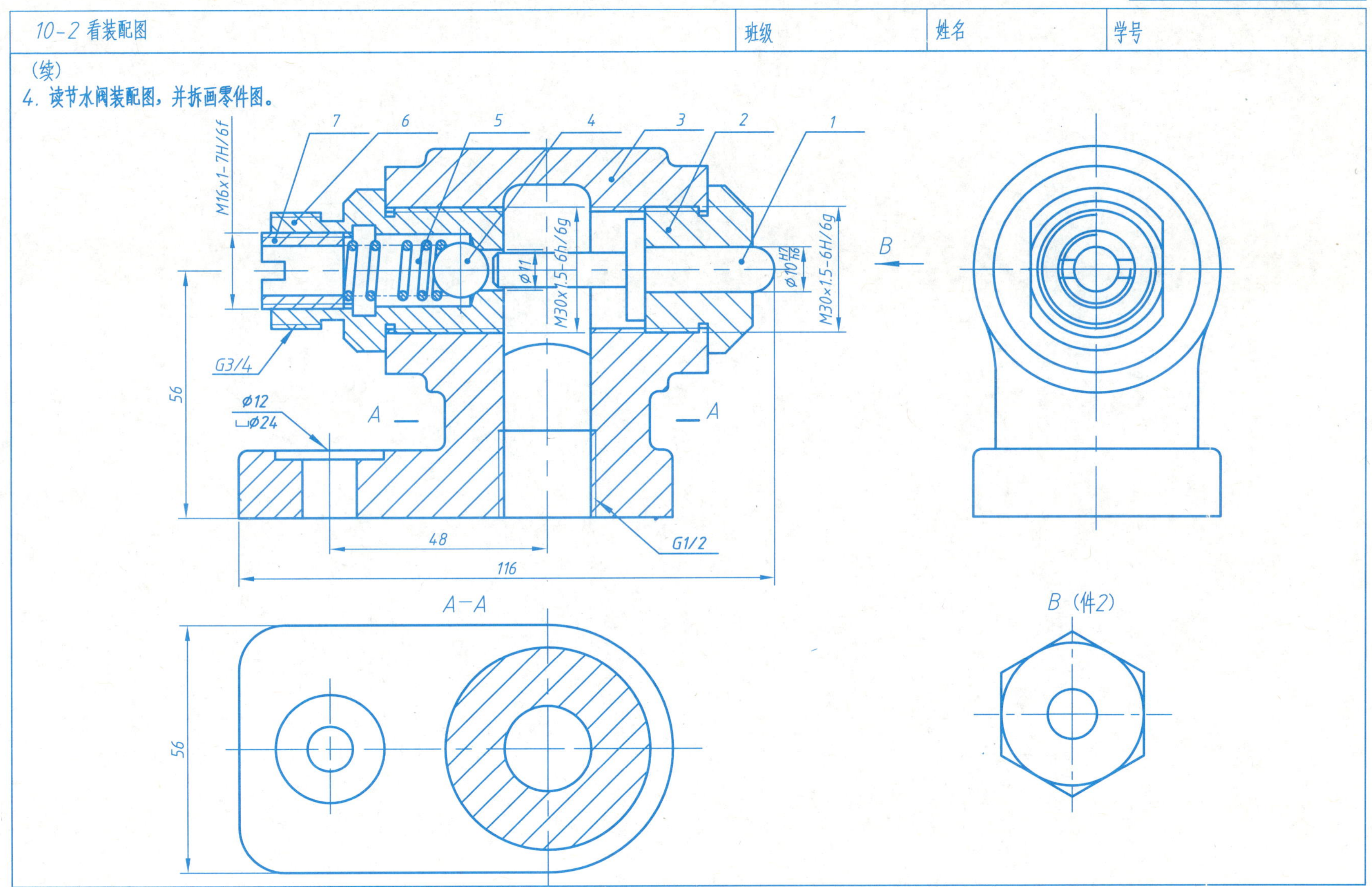

参考文献

[1] 中华人民共和国国家标准《机械制图》. 中国标准出版社，2004.

[2] 叶玉驹，梁德本. 机械制图手册. 北京：机械工业出版社，2002.

[3] 周良德，朱泗芳. 现代工程图学. 长沙：湖南科学技术出版社，2000.

[4] 朱泗芳，周良德. 现代工程图学习题集. 长沙：湖南科学技术出版社，2000.

[5] 刘朝儒等主编. 机械制图. 4 版. 北京：高等教育出版社，2002.

[6] 戴立玲等主编. 机械制图. 北京：化学工业出版社，2004.

[7] 杨惠英，王玉昆. 机械制图习题集. 北京：清华大学出版社，2004.

[8] 董祥国，顾玉坚. 现代工程制图实践篇. 南京：东南大学出版社，2004.

[9] 王兰美. 机械制图. 北京：高等教育出版社，2004.

[10] 熊逸珍，戴立玲. 黄素华. 画法几何及工程制图. 长沙：湖南大学出版社，1998.

[11] 焦作和，林宏. 画法几何及工程制图. 北京：北京理工大学出版社，2002.

21 世纪全国应用型本科大机械系列实用规划教材

序号	书　　名	标准书号	主　　编	定价	出版日期
1	机电工程专业英语	ISBN 7-301-10596-7	赵运才，何法江	24.00	2007.1 第 2 次印刷
2	AutoCAD 工程制图	ISBN 7-5038-4446-9	杨巧绒，张克义	20.00	2007.8 第 3 次印刷
3	工程制图	ISBN 7-5038-4442-6	戴立玲，杨世平	27.00	2007.8 第 2 次印刷
4	工程制图习题集	ISBN 7-5038-4443-4	杨世平，戴立玲	20.00	2008.1 第 2 次印刷
5	机械制造基础(上)——工程材料及热加工工艺基础	ISBN 7-5038-4435-3	侯书林，朱海	29.00	2007.7 第 2 次印刷
6	机械制造基础(下)——机械加工工艺基础	ISBN 7-5038-4436-1	侯书林，朱海	22.00	2007.7 第 2 次印刷
7	金工实习	ISBN 7-5038-4440-X	郭永环，姜银方	24.00	2007.9 第 3 次印刷
8	机械设计	ISBN 7-5038-4448-5	郑江，许瑛	33.00	2007.8 第 2 次印刷
9	机械设计基础	ISBN 7-5038-4444-2	曲玉峰，关晓平	27.00	2008.1 第 2 次印刷
10	机床电气控制技术	ISBN 7-5038-4433-7	张万奎	26.00	2007.9 第 2 次印刷
11	机床数控技术	ISBN 7-5038-4434-5	杜国臣，王士军	31.00	2007.8 第 2 次印刷
12	Pro/ENGINEER Wildfire 2.0 实用教程	ISBN 7-5038-4437-X	黄卫东，任国栋	32.00	2007.7 第 2 次印刷
13	数控加工技术	ISBN 7-5038-4450-7	王彪，张兰	29.00	2006.8
14	计算机辅助设计与制造	ISBN 7-5038-4439-6	仲梁维，张国全	29.00	2007.9 第 2 次印刷
15	液压传动	ISBN 7-5038-4441-8	王守城，容一鸣	27.00	2007.7 第 2 次印刷
16	互换性与测量技术基础	ISBN 7-5038-4473-6	韩进宏，王长春	25.00	2007.7 第 2 次印刷
17	金属切削原理与刀具	ISBN 7-5038-4447-7	陈锡渠，彭晓南	29.00	2008.1 第 2 次印刷
18	可编程控制器原理与应用	ISBN 7-5038-4438-8	赵燕，周新建	29.00	2008.1 第 2 次印刷
19	汽车电子控制技术	ISBN 7-5038-4432-9	凌永成，于京诺	32.00	2007.7 第 2 次印刷
20	汽车构造	ISBN 7-5038-4445-0	肖生发，赵树朋	44.00	2007.8 第 2 次印刷

序号	书　　名	标准书号	主　　编	定价	出版日期
21	金属学与热处理	ISBN 7-5038-4451-5	朱兴元，刘忆	24.00	2007.7 第 2 次印刷
22	锻造工艺过程及模具设计	ISBN 7-5038-4453-1	胡亚民，	30.00	2006.8
23	冲压工艺与模具设计	ISBN 7-5038-4449-3	牟林，胡建华	32.00	2007.8 第 2 次印刷
24	机械工程材料	ISBN 7-5038-4452-3	戈晓岚，洪琢	29.00	2006.8
25	产品造型计算机辅助设计	ISBN 7-5038-4474-4	张慧姝，刘永翔	27.00	2006.8
26	测试技术基础	ISBN 978-7-301-11486-5	江征风	26.00	2007.2
27	设计心理学	ISBN 978-7-301-11567-1	张成忠	48.00	2007.2
28	工程力学(上册)	ISBN 978-7-301-11487-2	毕勤胜，李纪刚	29.00	2007.2
29	工程力学(下册)	ISBN 978-7-301-11565-7	毕勤胜，李纪刚	28.00	2007.2
30	机械原理	ISBN 978-7-301-11488-9	常治斌，张京辉	29.00	2007.2
31	理论力学	ISBN 978-7-301-12170-2	盛冬发，闫小青	29.00	2007.8
32	控制工程基础	ISBN 978-7-301-12169-6	杨振中，韩致信	29.00	2007.8
33	机械制图(机类)	ISBN 978-7-301-12171-9	张绍群，孙晓娟	32.00	2007.8
34	机械制图习题集(机类)	ISBN 978-7-301-12172-6	张绍群，王慧敏	29.00	2007.8
35	汽车发动机原理	ISBN 978-7-301-12168-9	韩同群	32.00	2007.8
36	汽车电气设备	ISBN 978-7-301-12025-5	凌永成，谢在玉	27.00	2007.8
37	精密与特种加工技术	ISBN 978-7-301-12167-2	袁根福，祝锡晶	29.00	2007.8
38	机械工程控制基础	ISBN 978-7-301-12354-6	韩致信	25.00	2008.1
39	产品设计及原理	ISBN 978-7-301-12355-3	刘美华	29.00	2008.2
40	汽车电气设备实验与实习	ISBN 978-7-301-12356-0	谢在玉	29.00	2008.2
41	机械设计课程设计指南	ISBN 978-7-301-12357-7	许瑛	29.00	2008.2
42	Pro/ENGINEER Wildfire 3.0 实例教程	ISBN 978-7-301-12359-1	张选民	45.00	2008.2
43	汽车可靠性	ISBN 978-7-301-12360-7	肖生发	29.00	2008.2

序号	书　名	标准书号	主　编	定价	出版日期
44	机械创新设计	ISBN 978-7-301-12403-1	丛晓霞	32.00	2008.2
45	汽车实验测试技术	ISBN 978-7-301-12362-1	王丰元	32.00	2008.2
46	汽车试验学	ISBN 978-7-301-12358-4	赵立军	29.00	2008.2
47	汽车检测与诊断技术	ISBN 978-7-301-12361-4	罗念宁	28.00	2008.2
48	现代汽车系统控制技术	ISBN 978-7-301-12363-8	崔胜民	29.00	2008.2
49	汽车设计	ISBN 978-7-301-12369-0	刘涛	29.00	2008.2
50	汽车工程概论	ISBN 978-7-301-12364-5	张京明	29.00	2008.2
51	工程流体力学	ISBN 978-7-301-12365-2	杨建国	32.00	2008.2
52	热工基础	ISBN 978-7-301-12399-7	于秋红	29.00	2008.2
53	内燃机构造	ISBN 978-7-301-12366-9	林波	32.00	2008.2
54	汽车运用工程基础	ISBN 978-7-301-12367-6	姜立标	32.00	2008.2
55	汽车制造工艺	ISBN 978-7-301-12368-3	赵桂范	29.00	2008.2
56	机械制图与 AutoCAD 基础　教程	ISBN 978-7-301-13122-0	张爱梅	35.00	2007.11
57	机械制图与 AutoCAD 基础教程习题集	ISBN 978-7301-13120-6	鲁杰，张爱梅	22.00	2007.12
58	材料成型设备控制基础	ISBN 978-7-301-13169-5	刘立君	34(估)	2008.1
59	液压与气压传动	ISBN 978-7-301-13129-4	王守城，容一鸣	32(估)	2008.2
60	Pro/ENGINEER Wildfire 3.0 曲面设计实例教程	ISBN 978-7301-13182-4	张选民	45(估)	2008.2
61	金属切削机床	ISBN 978-7-301-13180-0	夏广岚	32(估)	2008.2
62	汽车运用基础	ISBN 978-7-301-13118-3	凌永成，李雪飞	26.00	2008.1

电子书(PDF 版)、电子课件和相关教学资源下载地址：http://www.pup6.com/ebook.htm，欢迎下载。

欢迎免费索取样书，请填写并通过 E-mail 提交教师调查表，下载地址：http://www.pup6.com/down/教师信息调查表 Excel 版.xls，欢迎订购。

联系方式：010-62750667，linzhangbo@126.com，guosj2008@163.com，tjxin_0405@163.com，欢迎来电来信。